全国中等职业技术学校**物业管理与维修**专业教材

LOUYU ZHINENGHUA SHEBEI YINGYONG

王先华 主编

楼宇智能化设备应用

人力资源和社会保障部教材办公室组织编写

中国劳动社会保障出版社

图书在版编目(CIP)数据

楼宇智能化设备应用/王先华主编. —北京：中国劳动社会保障出版社，2015

全国中等职业技术学校物业管理与维修专业教材

ISBN 978-7-5167-1920-6

Ⅰ.①楼… Ⅱ.①王… Ⅲ.①智能化建筑-自动化设备-中等专业学校-教材
Ⅳ.①TU855

中国版本图书馆 CIP 数据核字(2015)第 164874 号

中国劳动社会保障出版社出版发行

(北京市惠新东街 1 号 邮政编码：100029)

*

中国标准出版社秦皇岛印刷厂印刷装订 新华书店经销

787 毫米×1092 毫米 16 开本 9.25 印张 161 千字

2015 年 7 月第 1 版 2022 年 8 月第 2 次印刷

定价：17.00 元

读者服务部电话：(010) 64929211/84209101/64921644

营销中心电话：(010) 64962347

出版社网址：http://www.class.com.cn

http://jg.class.com.cn

前　言

全国中等职业技术学校物业管理与维修专业教材自出版以来，在中等职业技术学校教学中发挥了重要作用，受到了广大师生的好评。近年来，随着国民经济的发展和城市建设的加快，我国物业管理行业进入了一个新的发展阶段，物业企业的运营模式、服务流程、管理质量等不断向标准化、专业化、信息化的方向发展。为了培养更加适合物业企业需求的中级技能人才，我们组织一批教学经验丰富、实践能力强的教师与行业、企业的专家，在充分调研的基础上，对第一版教材进行了修订和补充。

本次修订的教材包括：《物业管理概论（第二版）》《房地产概论（第二版）》《公共关系实务（第二版）》《物业环境管理（第二版）》《给排水设备管理与维修（第二版）》《暖通空调设备管理与维修（第二版）》《物业电工（第二版）》。在修订教材的同时，我们还针对教学实际需求，新开发了《楼宇智能化设备应用》和《房屋维修与管理》。

本次教材修订（开发）工作的重点主要体现在以下几个方面：

第一，突出教材的实用性。根据物业企业的工作实际和物业管理员国家职业标准，调整了相关教材的结构和内容，本着“学以致用”的原则，突出对学生实际操作能力的培养。

第二，突出教材的先进性。根据物业企业的现状和发展趋势，在教材中尽可能多地体现了新设备、新技术、新方法，以期缩短学校教育和企业岗位需求的距离。

第三，突出教材的可读性。在教材编写上，力求文字表达通俗易懂，并较多地采用以图代文、以表代文的表现形式，以降低学生的学习难度，激发学生的学习兴趣。

第四，突出教材的易用性。本套教材配有电子教案，便于教师教学工作的开展，以达到优化课堂教学结构、提高课堂教学效率的目的。

本套教材的编写工作得到了有关省、市人力资源和社会保障部门以及一批中等职业技术学校的大力支持，教材编审人员做了大量的工作，在此，我们表示衷心的感谢。同时，恳切希望广大读者对教材提出宝贵的意见和建议。

人力资源和社会保障部教材办公室

简　介

本书为国家级职业教育规划教材，由人力资源和社会保障部教材办公室组织编写。

本书根据中等职业技术学校物业管理与维修专业的教学实际，重点讲述楼宇智能化的最新技术和设备系统，包括计算机网络系统、电视和广播系统、综合布线系统、建筑设备系统、安全防范系统、火灾自动报警及消防联动系统。通过对各设备系统结构组成的讲解，让学生了解具体设备系统的功能，掌握相应的应用和操作技能。

本书由王先华任主编，张海钧任副主编，赖国爱审稿。

目　录

绪　论

一、楼宇智能化概述

楼宇智能化是指以建筑为平台，兼备建筑设备、办公自动化及通信网络系统，集结构、系统、服务、管理及它们之间的最优化组合，向人们提供一个安全、高效、舒适、便利的环境。其基本内涵是：以综合布线系统为基础，以计算机网络系统为桥梁，综合配置建筑物内的各功能子系统（设备），全面实现对通信系统、办公自动化系统、大楼内各种设备（空调、供热、给排水、变配电、照明、电梯、消防、公共安全）等的综合管理。

智能化楼宇的基本要求是：有完整的控制、管理、维护和通信设施，便于进行环境控制、安全管理、监视报警，有利于提高工作效率，并能激发人们的创造性。简而言之就是：办公设备自动化、智能化，通信系统高性能化，建筑柔性化，建筑管理服务自动化。

二、楼宇智能化设备系统

楼宇智能化设备系统一般包括计算机网络系统、电视和广播系统、综合布线系统、建筑设备系统、安全防范系统、火灾自动报警及消防联动系统等。

1. 计算机网络系统

计算机网络系统就是利用通信设备和线路将地理位置不同、功能独立的多个计算机系统互联起来，以功能完善的网络软件实现网络中资源共享和信息传递的系统。通过计算机的互联，实现计算机之间的通信，从而实现计算机系统之间的信息、软件和设备资源的共享以及协同工作等功能，其本质特征在于提供计算机之间的各类资源的高度共享，实现便捷地交流信息和智能化管理。

2. 电视和广播系统

（1）卫星接收及有线电视系统

卫星接收及有线电视系统是将多种视听设备、数字设备、卫星闭路电视部件和器件，用电缆、光缆、微波或这些媒介的组合连接起来，用以传输、分配和处理声音、图像和数据信号。随着信息高速公路的发展，卫星闭路电视和通信、计算机网络必将会融为一体。

该系统不仅包括本地有线电视台的电视节目，而且可通过卫星接收到境内、外的卫星节目，主要用于丰富用户生活，同时还可以通过自办节目以提升办公楼的形象。

(2) 公共广播系统

公共广播系统是指由使用单位自行管理的，在本单位范围内为公共服务的声音广播系统，常用于进行业务广播、背景广播和紧急广播等。现代化建筑的公共广播系统根据建筑规模、使用性质和功能要求，可分为业务性广播系统、服务性广播系统和火灾事故广播系统三类。

3. 综合布线系统

综合布线系统是建筑物或建筑群内的传输网络，是建筑物内的“信息高速路”，它既使语音和数据通信设备、交换设备和其他信息管理系统彼此相连，又使这些设备与外界通信网络相连接。综合布线系统是智能化楼宇建设数字化信息系统的基础设施，是将所有语音、数据等系统进行统一规划设计的结构化布线系统，是为办公提供信息化、智能化的物理介质，用于支持将来语音、数据、图文、多媒体等的综合应用。

4. 建筑设备系统

建筑设备系统是建筑物或建筑群内的电力、照明、空调和给排水等设备系统的总称，是对建筑相关的设备系统进行集中监视、控制和管理的综合系统，主要包括通风与制冷空调系统、供配电照明设备系统、建筑给排水设备系统、电梯设备系统和建筑设备自动化控制系统。

5. 安全防范系统

安全防范系统是指以维护社会公共安全为目的，运用安全防范产品和其他相关产品所构成的入侵报警系统、视频安防监控系统、出入口控制系统、对讲门禁系统和电子巡更系统等，或由这些系统为子系统组合或集成的电子系统或网络。

6. 火灾自动报警及消防联动系统

火灾自动报警及消防联动系统是指由火灾自动报警系统和消防联动系统组成的消防安全防范系统。在火灾初期，往往伴随着烟雾、高温等现象，通过安装在现场的火灾探测器、手动报警按钮，以自动或人为的方式向监控中心传递火警信息，达到及早发现火情、通报火灾的目的；而且还能够通过控制器及现场接口模块，控制建筑物内的公共设备（如广播、电梯）和专用灭火设备（如排烟机、消防泵），有效实施救人、灭火，以达到减少损失的目的。

三、楼宇智能化设备系统应用的优势

楼宇智能化设备系统提供的环境应该是一种优越的生活环境和高效率的工作环境。

1. 舒适性

使人们在智能化楼宇中生活和工作（包括公共区域）时，无论是心理上还是生理上均感到舒适，为此，空调、照明、噪声、绿化、自然光及其他环境条件应达到较佳或最佳状态。

2. 高效性

提高了办公业务、通信、决策方面的工作效率，以及建筑物所属设备系统使用管理的效率，节省了人力、时间、空间、资源、能耗和费用。

3. 适应性

对办公组织机构、办公方法和程序的变更以及设备更新的适应性强，当网络功能发生变化和更新时，不妨碍原有系统的使用。

4. 安全性

楼宇智能化设备系统除了要保证生命、财产、建筑物安全外，还要考虑信息的安全性，能防止信息网中发生信息泄露和被干扰，特别是能防止信息数据被破坏、被篡改，而且还能防止黑客入侵。

5. 可靠性

选用的设备硬件和软件技术成熟，运行良好，易于维护，当出现故障时能及时修复。

第 1 章　计算机网络系统

第 1 节　计算机网络系统基础知识

一、计算机网络系统概述

1. 计算机网络系统的概念

计算机网络系统是指将地理位置不同的具有独立功能的多台计算机及其外部设备，通过通信线路连接起来，在网络操作系统、网络管理软件及网络通信协议的管理和协调下，实现资源共享和信息传递的计算机系统，如图 1—1—1 所示。

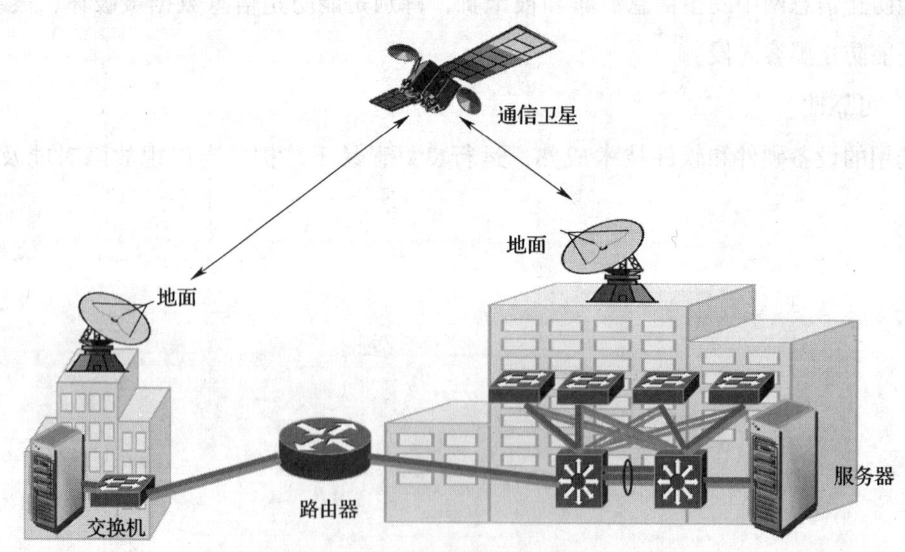

图 1—1—1　计算机网络系统示例

从此定义，可以得出以下结论：

（1）计算机网络存在的主要目的在于解决计算机之间的数据通信和相互资源的共享。

(2) 计算机网络系统是一个复杂的软硬件系统，不仅包括计算机、通信设备、通信线路等相关硬件，还需要多种网络软件的密切配合和支持。

(3) 计算机网络主要包含网络连接对象（即元件）、网络传输介质、网络连接的控制机制（如各种通信协议和网络软件）和网络连接的方式与结构四个方面的内容。

2. 计算机网络系统的功能

计算机网络具有许多功能，主要有：

(1) 数据通信

数据通信是指实现计算机与终端、计算机与计算机间的数据传输，是计算机网络的最基本的功能，也是实现其他功能的基础。例如，在电子邮件、传真、远程数据交换等方面的应用。

(2) 资源共享

资源共享是指通过计算机网络可实现硬件资源、软件资源和数据资源的共享：

1) 数据共享。在计算机网络中可共享各种数据文档，如数据库资源。

2) 软件共享。在计算机网络中可共享各种语言处理程序和各类应用程序。

3) 硬件共享。在计算机网络中可共享使用一台服务器、计算机或一台打印机等设备。

(3) 提高系统的可靠性

提高计算机系统的可靠性主要表现在计算机网络中每台计算机都可以通过计算机网络相互成为后备节点，在某台计算机出现故障后，其他计算机可以立即运行由故障机所承担的任务，从而避免系统的瘫痪，大大地提高了计算机系统的可靠性。

(4) 分布处理

分布处理是指计算机网络中，用户可合理地选择计算机网内的资源进行相应的数据处理，对于较复杂的问题，还可通过算法将任务分交给不同的计算机进行处理，从而达到均衡网络资源的目的。此外，还可以通过网络技术，将多台计算机连接成计算机系统，以并行的方式实现高性能运算，也被称为协同式计算机网络计算。

(5) 负载平衡

负载平衡是指在具有分布处理能力的计算机网络中，运行任务被相对均匀地分配给网络上的各台计算机，系统能根据计算机运行负载的大小来转移任务，从而实现计算机网络的负载平衡。

二、计算机网络系统的体系结构

计算机网络系统的体系结构即分层模型，是一种用于开发网络协议的设计方法。采用在协议中划分层次的方法，把要实现的功能划分为若干层次，较高层次建立在较低层次的基础上，同时又为更高层次提供必要的服务功能。

分层的好处是：高层次只需调用低层次提供的功能，而无须了解低层的技术细节；只要保证接口不变，低层功能具体实现方法的变更也不会影响较高一层所执行的功能。

国际标准化组织 ISO（International Standardization Organization）于 1981 年推出了“开放系统互联模型”（Open System Interconnection）标准，简称为 OSI。OSI 是一个基于网络协议规范化的网络工作逻辑参考模型，是网络协议开发的一个框架标准，它采用分层的结构化体系，把网络从逻辑上分为七层，从下到上依次为物理层、数据链路层、网络层、传输层、会话层、表示层和应用层。

1. 物理层

物理层的主要功能是利用物理传输介质为数据链路层提供物理连接，以便透明地传送比特流。简而言之，就是针对信号的实际物理传输设计相应的接口标准。在物理层，数据以比特流的形式存在。

2. 数据链路层

数据链路层的主要功能是在物理层提供比特流传输服务的基础上，在通信的实体之间建立数据链路连接，传送以“帧”为单位的数据，采用差错控制、流量控制方法，使有差错的物理线路变成无差错的数据链路。简而言之，就是将从物理层接收的数据进行 MAC 地址（网卡地址）的封装与解封装。在数据链路层，数据可视为帧。交换机通常工作于这一层。

3. 网络层

网络层的主要功能是要完成网络中主机间“分组”的传输。简而言之，网络主要是将从下层接收到的数据进行 IP 地址的封装与解封装。在这一层，数据可视为数据包。路由器通常工作于网络层。

4. 传输层

传输层的主要任务是向上一层提供可靠的端到端服务，确保“报文段”无差错、有序、不丢失、无重复地传输。简而言之，传输层定义了传输数据的协议和端口号，例如，TCP 协议（传输控制协议，传输效率低，可靠性强，用于传输可靠性要求高、数据量大的数据）、UDP 协议（用户数据报协议，适合传输可靠性要求不高的少量数据）和万维网 WWW 端口 80 等，并将从下层接收的数据进行分段传输，在到达目的地址后再进行重组。在这一层，数据可视为段。

5. 会话层

会话层的功能是建立、组织和协调两个互相通信的应用进程之间的交互。简而言之，会话层主要在系统之间发起会话或者接受会话请求，这一会话可以是基于 IP 地址的，也可以是 MAC 或者主机名。

6. 表示层

表示层主要用于处理在两个通信系统中交换信息的表示方式。简而言之，表示层主要是对接收的数据进行解释或恢复，例如数据编码、数据的加密解密、数据的压缩与恢复等。

7. 应用层

应用层确定进程间通信的性质，以满足用户的需要。简而言之，应用层主要是实现一些终端服务应用，例如文件上传下载（FTP）、网页浏览（WWW）、即时通信（QQ）等。

在具体工作中，OSI 模型中的第一层都会给来自上一层的数据添加信息头（Header），封闭后再向下层转发，发送方主机最终通过物理介质把数据传输到接收方主机。接收方主机接收数据后，逐层解封数据，去除添加的信息头，最终还原为实际的数据。因此，计算机之间的通信在逻辑上是层与层之间的通信，如图 1—1—2 所示。

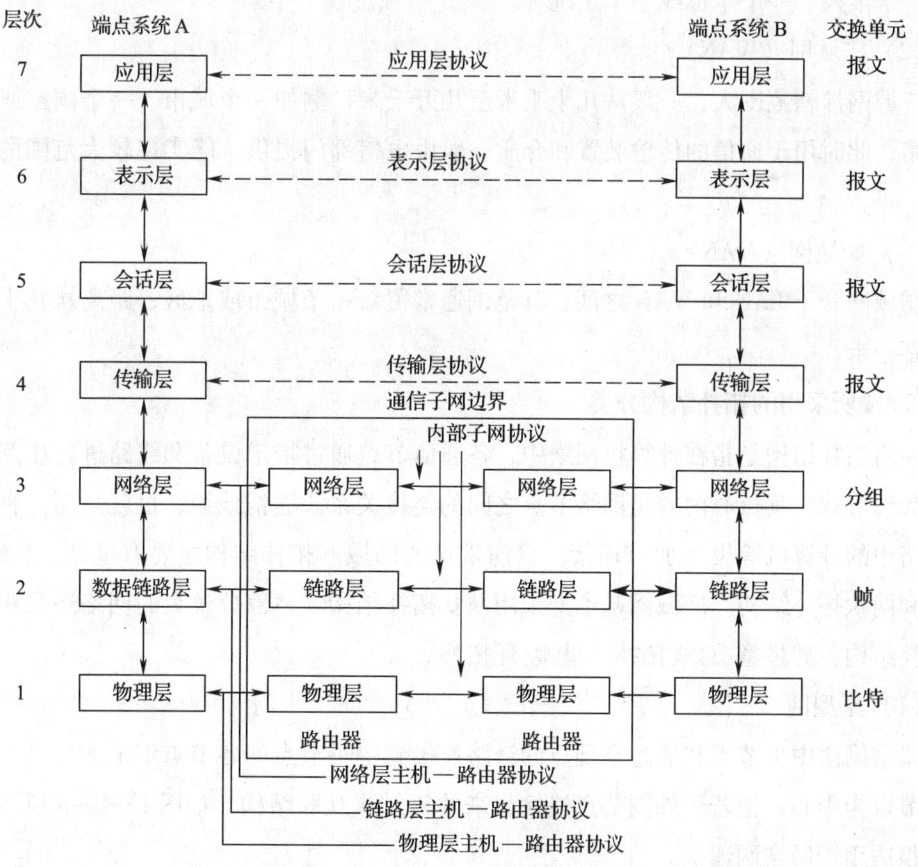

图 1—1—2　开放系统互联模型（OSI）

在 OSI 模型中，除物理层外，其余各层协议大都由软件实现。每层协议软件通常由一个或多个进程组成，其主要任务是完成相应层协议所规定的功能，以及与上、下层的接口功能。不同的协议工作于不同的层。运行于网络层的常见协议有 IP 协议、ICMP 协议、ARP 协议和 RARP 协议，运行于传输层的常见协议有 TCP 协议和 UDP 协议，运行于应用层的常见协议有 FTP、Telnet、SMTP、HTTP、RIP、NFS 和 DNS。

三、计算机网络系统的分类

计算机网络可按网络拓扑结构、网络涉辖范围和互联距离、网络数据传输和网络系统的拥有者、不同的计算机网络技术服务对象等不同标准进行种类划分。

1. 按网络范围分类

（1）局域网（LAN）

局域网的地理范围一般在 10 km 以内，属于一个部门或一组群体组建的小范围网，例如一个学校、一个单位或一个系统等。

（2）广域网（WAN）

广域网涉辖范围大，一般从几十千米至几万千米，例如一个城市、一个国家或者洲际网络，此时用于通信的传输装置和介质一般由电信部门提供，能实现较大范围的资源共享。

（3）城域网（MAN）

城域网介于 LAN 和 WAN 之间，其范围通常覆盖一个城市或地区，距离从几十千米到上百千米。

2. 按所采用的拓扑结构分类

网络拓扑结构是指在计算机网络中，各通信节点通过指定设备和线路进行相互连接的方法和形式，其核心内容是网络节点之间的连接关系。通俗地说，也就是用何种方式把网络中的计算机等设备加以连接。目前常见的局域网拓扑结构主要有星型、总线型、环型和网状拓扑结构。广域网基本上采用网状拓扑结构。一部分较大的网络还采用混合型拓扑结构，如星型/总线拓扑、星型/环拓扑。

（1）星型网

星型网由中央节点和通过点到点的链路连接到中央节点的各节点组成。它是一种以中央节点为中心，把若干外围节点连接起来的辐射式互联结构，如图 1—1—3 所示。星型网很适用于局域网连接。

1）优点：便于节点、设备的添加或删减；由于每个接入点只连接一个设备，当节点出现故障时，不影响整个网络的运行；便于故障的检测和网络的维护。

2）缺点：以中央节点为中心将导致当中央节点发生故障时，整个网络不能正常运行。

（2）总线网

总线网以一根公用通信线路为传输介质，所有网络节点均通过相应接口直接连接到通信线路，如图1—1—4所示。这根所有节点通信共用的传输线路称为总线。在局域网中，总线一般采用同轴电缆或双绞线。

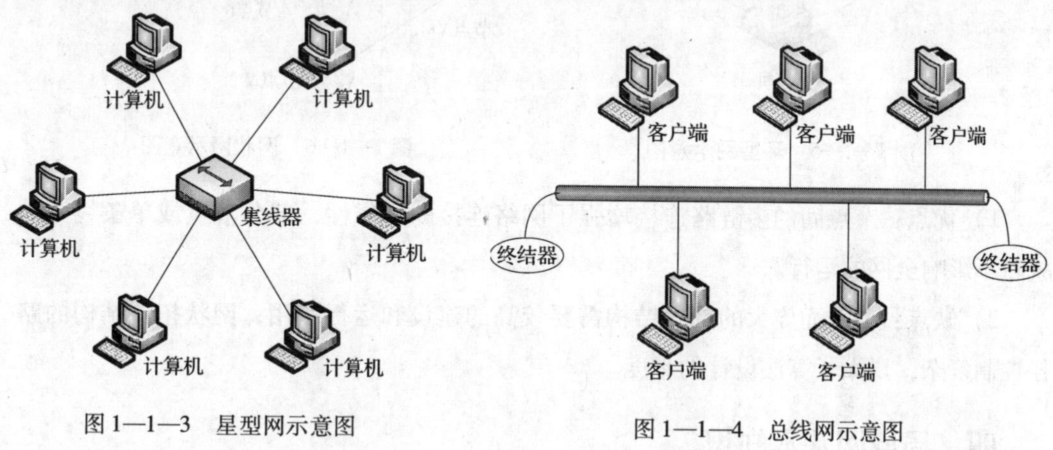

图1—1—3 星型网示意图

图1—1—4 总线网示意图

1）优点：通信线路的长度较短，易于安装和布线；由于各个节点共用一条总线作为数据传输通路，信道的利用率高；便于扩充或删除节点。

2）缺点：网络故障较难诊断（较难确定故障发生的具体位置），总线连接长度和接入节点数均有一定限制。

（3）环型网

环型网是由网络节点和连接节点的链路组成的闭合环结构，如图1—1—5所示。信号顺着一个方向从一台设备传到另一台设备，每一台设备都配有一个收发器，信息在每台设备上的延时时间是固定的。此结构比较适用于需实时控制的局域网系统。

1）优点：每个节点的通信地位均平等，容易实现远距离的高速数据传送，电缆故障容易查找和排除。

2）缺点：通信线路的闭合环结构使节点不易扩充；可靠性较差，环路断开将导致整个网络不能工作。

（4）网状网

网状网中，每个节点至少有两条链路与其他节点相连，构成一个复杂的网状拓扑结构，如图1—1—6所示。在任何一条链路出故障时，数据报文可改由其他正常工作的链路进行传输，有很高的可靠性。目前的大型广域网均采用此类型的拓扑结构。

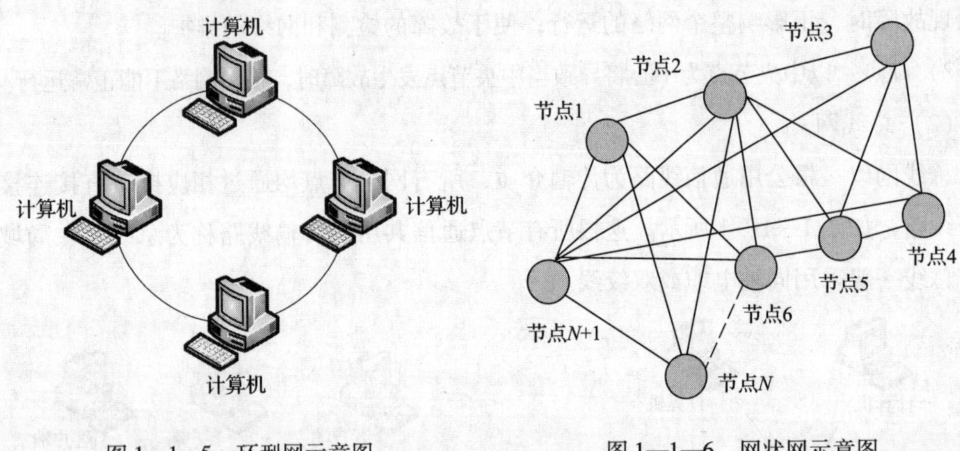

图 1—1—5 环型网示意图

图 1—1—6 网状网示意图

1）优点：节点间的多链路连接增强了网络连接的可靠性，部分节点或单条线路的故障不影响全网的运行。

2）缺点：复杂而庞大的网状结构需要较高的建设和运行费用；网状拓扑结构的路径控制复杂，增大了算法设计的难度。

四、局域网基本知识

局域网指的是在一个较小范围内（例如一间实验室或办公室、一栋大楼、一个校园）的各种计算机、终端与外部设备连接起来所形成的局部区域网。

局域网的特点有以下几个方面：网络覆盖范围较小，站点数目有限，局域网通常由某个组织单独拥有。局域网与广域网相比具有较高的数据传输速率、较低的时延和较小的误码率。

局域网系统的硬件设备包括服务器、中心交换机、二级交换机、路由器、防火墙和工作站等，如图 1—1—7 所示。

局域网又可分为以下类型：令牌环（Token Ring）网、异步传输方式（Asynchronous Transfer Mode，ATM）、以太网（Ethernet）等。现在最常用的局域网是以太网，现阶段它是构建局域网最便宜、最灵活的选择，常见的有 10Base—T 以太网、100Base—T 快速以太网、千兆位（Gigabit）以太网等。

局域网的网络设备随网络规模的大小而不同，但每一台联网的计算机必须有一块网络接口卡（NIC），它将工作站或服务器连接到网络上，用来完成电信号的匹配和实现数据的传输。规模最小的局域网可能只需要一台共享式集线器（HUB）即可，而大型网络需要主干交换机、二级交换机、三级交换机或集线器、远程访问路由器以及 Internet 接入路由器等。

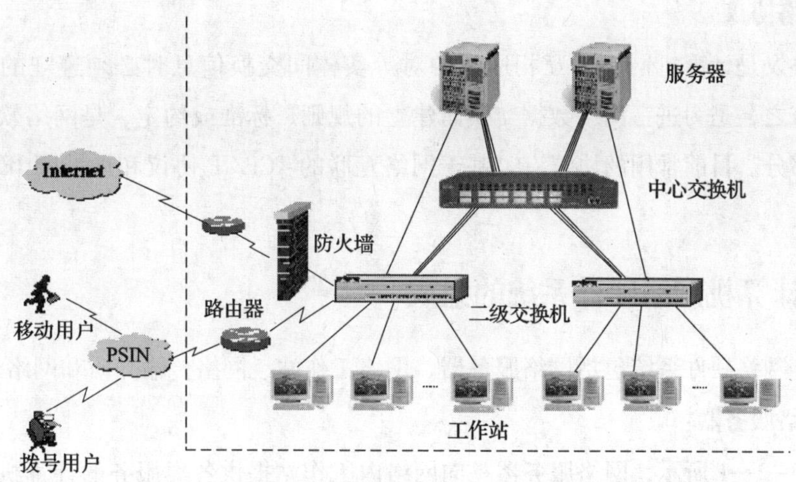

图 1—1—7　某局域网系统示意图

计算机网络技术实现了资源共享。人们可以在办公室、家里或其他任何地方，访问查询网上的任何资源，极大地提高了工作效率，促进了办公自动化、工厂自动化、家庭自动化的发展，计算机网络是服务现代科技的开端。

第 2 节　计算机网络系统的组成

一、计算机网络软件系统的组成

网络软件系统包括网络操作系统、通信软件和网络协议及网络应用软件等。

1. 网络操作系统

网络操作系统是为使联网的计算机能方便而有效地共享网络资源，为网络用户提供所需的各种服务软件和相关规程的集合。网络操作系统运行于服务器上，除了具有一般操作系统的处理机管理、存储器管理、设备管理和文件管理功能外，还要具备以下两大功能：一是提供高效、可靠的网络通信功能，以实现计算机之间高效可靠地通信；二是为网上用户提供多种网络服务功能，如文件转输服务功能、电子邮件服务功能、远程打印服务功能等。目前常用的网络操作系统有 Windows 系列、Unix 系列和 Linux 系列等。

2. 通信软件

通信软件是用以监督和控制通信工作的软件。它不仅是计算机网络软件的基础组成部分，还具有在计算机与自带终端或其他计算机之间实现通信的功能。通信软件通常由线路缓冲区管理程序、线路控制程序以及报文管理程序组成。

3. 网络协议

网络协议是计算机网络中互相通信的对等实体间交换信息时必须遵守的规则的集合，简而言之，是为进行网络数据交换而建立的规则、标准或约定，是网络软件系统的重要组成部分。目前常用的协议有：基于网络互联的 TCP/IP 协议和局域网 IEEE 802. X 协议。

二、计算机网络硬件系统的组成

计算机网络硬件系统包括网络服务器、网络工作站、网络传输介质和网络设备等。

1. 网络服务器

如图 1—2—1 所示，网络服务器是向网络内工作站提供各类服务的计算机，是网络的核心。其最主要作用是运行网络操作系统，同时存储、管理网络中的共享资源，并具有对各工作站的程序服务和监控功能。网络服务器通常要具有速度快、容量大、可靠性高的特点。

图 1—2—1　网络服务器

2. 网络工作站

如图 1—2—2 所示，网络工作站是用户和网络的接口设备，用户通过它可以与网络交换信息、共享网络资源。通常，网络工作站也可称为客户机，它通过网卡、通信介质以及通信设备连接到网络服务器，以实现网络的访问和资源的获取。

图 1—2—2　网络工作站

3. 网络传输介质

网络传输介质是指在网络中进行信息传输的载体。其作用是形成通信网络中发送方和接收方之间的一条物理通信线路。常用的网络传输介质分为有线传输介质和无线传输介质两大类。有线传输介质有双绞线、同轴电缆和光缆（纤），无线传输介质有红外线、微波、卫星信道和激光信道等。

（1）双绞线

双绞线是由两根相互绝缘的导线按照一定的规格螺旋状缠绕（一般以顺时针方向）排列在一起的一种通用配线。双绞线可分为屏蔽双绞线（STP）与非屏蔽双绞线（UTP），其中屏蔽双绞线在双绞线与外层绝缘封套间有一个金属屏蔽层，可减少辐射并降低外部电磁干扰。按照双绞线线径粗细及相应的技术规格，又可分为一类线（CAT1）~七类线（CAT7），其中五类线（CAT5）和超五类线（CAT5e）的最高传输速率分别可达100 Mb/s 和1 000 Mb/s，广泛应用于百兆和千兆以太网连接。

非屏蔽双绞线电缆的抗电磁干扰能力较弱，但具有节省空间，成本低，重量轻，易弯曲，易安装，可同时传输模拟信号和数字信号等优点，其最长传输距离一般为100 m，适用于楼宇内的结构化综合布线。

（2）同轴电缆

同轴电缆是由两根同轴心、相互绝缘的圆柱形金属导体构成基本单元（同轴对），再由单个或多个同轴对组成的电缆。同轴电缆从里到外共由四层组成：中心铜线、塑料绝缘体、网状导电层和外层绝缘材料。常用的同轴电缆有两类：基带同轴电缆和宽带同轴电缆。基带同轴电缆一般为细缆，其阻抗是50 Ω，通常用于数字传输，传输带宽为1 ~20 MHz，最大传输距离为185 m，并要与50 Ω 的 T 型连接器配合使用；宽带同轴电缆一般为粗缆，其阻抗是75 Ω，适用于模拟传输，常用于 CATV 网，故也称为 CATV 电缆，传输带宽可达1 GHz，最大传输距离可达1 000 ~2 000 m。

（3）光缆

光缆是由光导纤维（光纤）缆芯、包层、吸收外壳和保护层四部分组成的通信线缆。其内部由两层折射率不同的材料组成：内层由高折射率的玻璃单根纤维体组成，外层则是一层折射率较低的材料。按光在光纤中的传输模式，光纤可分为单模光纤（Single Mode Fiber）和多模光纤（Multiple Mode Fiber）。单模光纤只能传送一种模色的光，有效传输距离可达数十千米之远，适用于远程通信。多模光纤容许不同模式的光在一根光纤上传输，在千兆网中，多模光纤最高可支持550 m 的传输距离，在百兆以太网中，多模光纤最高可支持2 000 m 的传输距离。

与其他传输介质相比较，光缆具有直径小，重量轻，频带宽，误码率低，传输距离远，不受电磁干扰，具有很好的保密性等优点。光缆适用于作为局域网和广域网的主干网络介质。

4. 网络设备

网络设备通常包括网卡、中继器、集线器、交换机、路由器、网关和网桥等。

（1）网卡

如图1—2—3所示，网卡也称为网络接口卡或网络适配器，是连接计算机与网络的硬件接口设备。网卡的主要功能在于实现数据的封装与解封，即将来自本机的数据封装为数据包并向网络上进行转发，同时要将来自网络的数据进行解封并传送给本机。为了实现数据传输，网卡还具有链路管理和编码与译码功能。每一块网卡在出厂时都会为其分配一个唯一的物理地址（MAC），以区别于其他所有网卡。目前最常用的网卡均是以太网网卡。

（2）中继器

如图1—2—4所示，中继器也称集中器，它工作于物理层，是两个网络节点之间进行物理信号双向转发的网络互联设备。中继器的主要作用是：通过对传输信号的整形与放大，来避免干线上传输信号因衰减而失真，从而延长信号的传输距离，扩展局域网的连接范围。

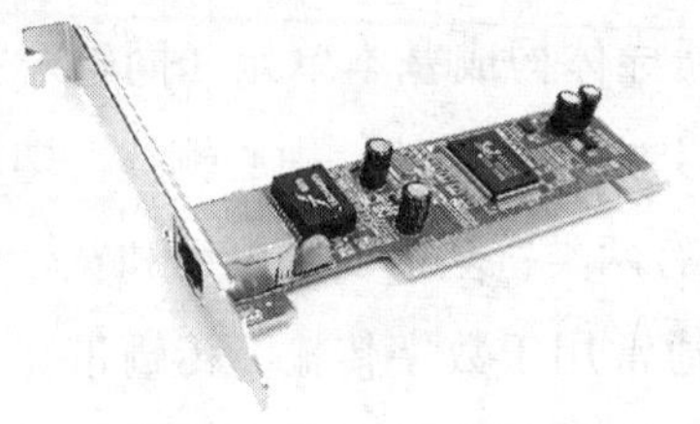

图1—2—3　网卡示例

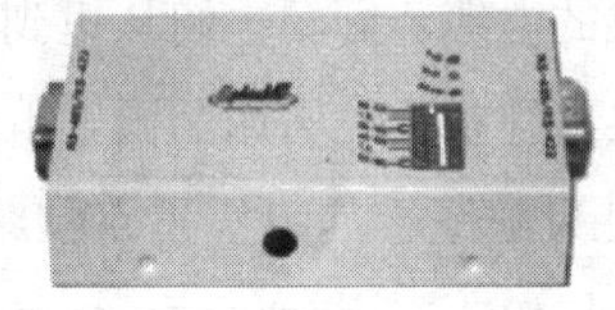

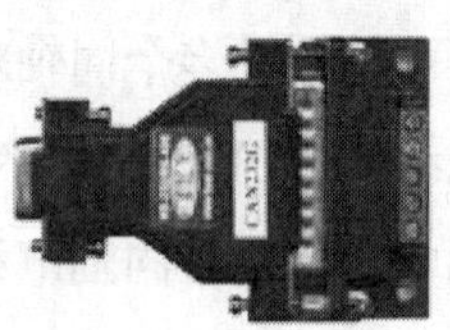

图1—2—4　中继器

（3）集线器

如图1—2—5所示，集线器又称网络转发器，是一种作为网络中枢连接各类节点，从而形成星型结构的一种网络设备。集线器的主要功能是对来自网络的信号进行再生、整形和放大，以扩大网络的传输距离，并把所有节点连接集中起来。集线器的工作原理类似于中继器，同样工作在物理层，也可视为多口中继器。目前常用于对通信速率要求不高的局域网组网。

（4）网桥

如图1—2—6所示，网桥工作在数据链路层，是实现多个网络协议相同或兼容的局域网（网段）的连接并进行管理的网络互联设备。它要求两个互联网络在数据链路层以上采用相同或兼容的网络协议。其主要作用是将网络内多个网段加以连接，并对网络数据的流通进行过滤、转发、隔离等管理操作，从而提高网络的性能、可靠性和安全性。网桥既可以是专门的硬件设备，也可以由计算机安装多个网络适配器（网卡），并安装相应的网桥软件来实现。

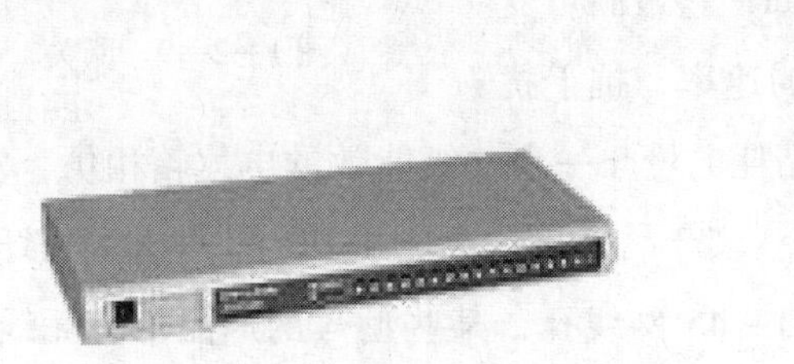

图1—2—5　集线器

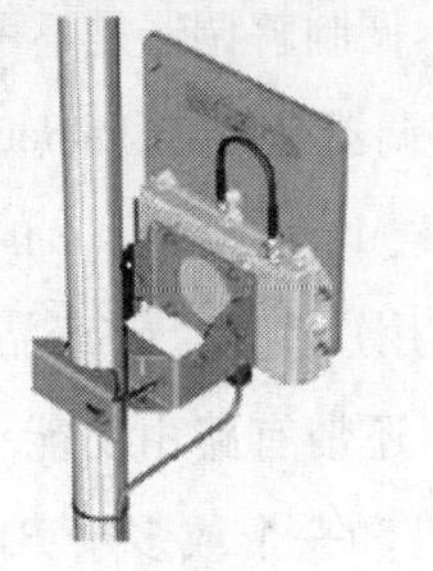

图1—2—6　网桥

（5）交换机

如图1—2—7所示，交换机是一种新型的电信号转发网络互联设备，可以为接入交换机的任意两个网络节点提供独享的电信号通路。与集线器相比，交换机能实现网络节点间独占网络带宽式的通信，避免了共享网络带宽式通信所带来的带宽拥挤，有利于提高数据传输的速率和可靠性。交换机一般工作在数据链路层，也有部分高档交换机工作在网络层。其主要功能有物理编址、网络拓扑结构、错误校验、帧序列以及流量控制等；对于拥有两层交换、三层交换技术的交换机，还可以实现虚拟子网（VLAN）划分、访问列表控制、路由管理等多种网络管理功能。

（6）路由器

如图1—2—8所示，路由器工作于网络层，要求网络层以上的高层协议相同或兼容，用以实现不同类型的局域网互联，或实现局域网与广域网的互联。路由器可以实现网络层以下各层协议的转换，除了具备网桥的全部功能外，还有路由选择功能。

图1—2—7　交换机

图1—2—8　路由器

（7）网关

如图1—2—9所示，网关又称为网间连接器、网间协议转换器。工作于OSI模型中的多个层面（传输层、会话层、表示层和应用层）。网关是在采用不同体系结构或协议的网络之间进行互通时，用于提供协议转换、路由选择、数据交换等网络兼容功能的网络互联设备。网关继承了路由器的全部功能，同时还提供协议之间的转换，因此既可以用于广域网互联，也可以用于局域网互联。

(8) 调制解调器

调制解调器是一种能将数字信号调制成模拟信号，又能将模拟信号解调成数字信号的装置。个人用户通过电话线拨号上 Internet，调制解调器是不可缺少的设备。

图 1—2—9 网关

目前常见的调制解调器是 Adsl Modem，它最高可支持 8 Mb/s（下行）和 1 Mb/s（上行）的速率，抗干扰能力强，适于普通家庭用户使用。该产品耗电量与一台一级能效的电冰箱相仿，发热量较大。某些型号的产品还带有路由功能。该产品性价比介于 ISDN 和 LAN + 光纤之间。有一个 RJ - 11 电话线孔和一个或多个 RJ - 45 网线孔，某些型号的产品带有无线功能，如图 1—2—10 所示。

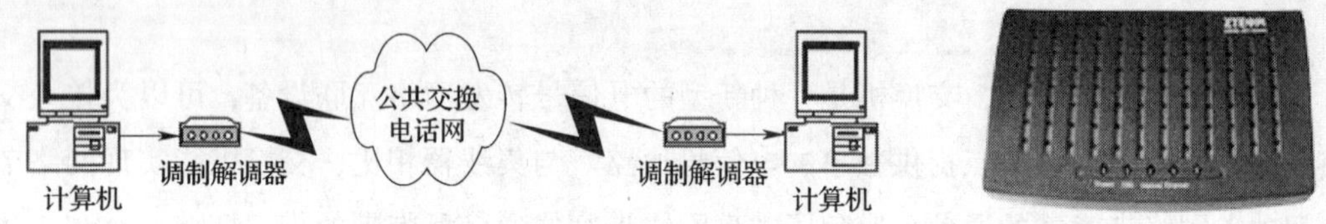

图 1—2—10 调制解调器工作原理和 Adsl Modem 实物图

思考与练习

1. 简述计算机网络系统的组成。
2. 网络硬件系统包括哪些？
3. 路由器的主要功能是什么？
4. 计算机网络具有哪些主要作用和功能？
5. 常见的计算机网络拓扑结构都有哪些？各有什么特点？
6. 开放系统互联模型有哪几层？

第 2 章　电视和广播系统

第 1 节　卫星及有线电视系统

一、卫星及有线电视系统的构成

卫星及有线电视系统主要由信号源、前端、干线传输和用户分配系统组成。

1. 信号源接收部分

主要任务是向前端提供系统欲传输的各种信号。它一般包括开路电视接收信号、调频广播、地面卫星、微波以及有线电视台自办节目等信号。

2. 系统的前端部分

主要任务是将信号源送来的各种信号进行滤波、变频、放大、调制和混合等，使其适于在干线传输系统中进行传输。

3. 系统的干线传输部分

主要任务是将系统前端部分所提供的高频电视信号通过传输媒体不失真地传输给分配系统。其传输方式主要有光纤、微波和同轴电缆三种。

4. 用户分配系统

主要任务是把从系统干线传来的信号分配给千家万户，它由支线放大器、分配器、分支器、用户终端以及它们之间的分支线、用户线组成。

二、卫星及有线电视系统的主要设备

卫星及有线电视系统的主要设备和器材有接收天线、接收机、解调器（见图 2—1—1a）和解码器（适配器）、调制器、信号处理器、信号混合器（见图 2—1—1b）、放大器、分支分配器、用户终端盒（见图 2—1—2a）、同轴电缆、光缆、光发射机（见图 2—1—2b）、光放大器、光接收机（见图 2—1—2c）和光隔离器等。其他设备和器材有导频信号发生

器、视音频分配器、视音频矩阵、制式转换器、加扰器、帧同步器、滤波器、供电器和稳压电源（或不间断电源 UPS）。

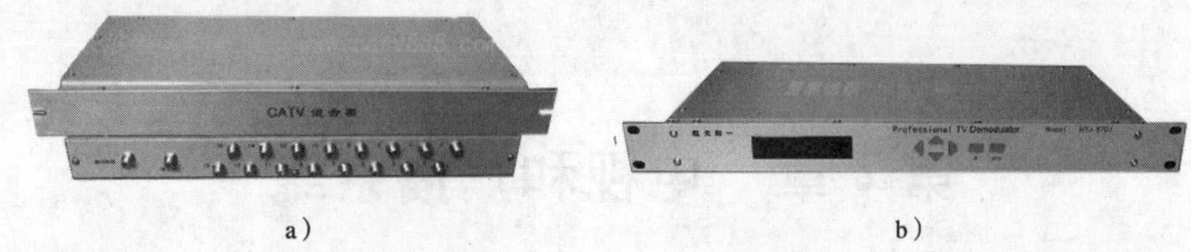

a）　　b）

图 2—1—1　解调器和信号混合器

a）解调器　b）信号混合器

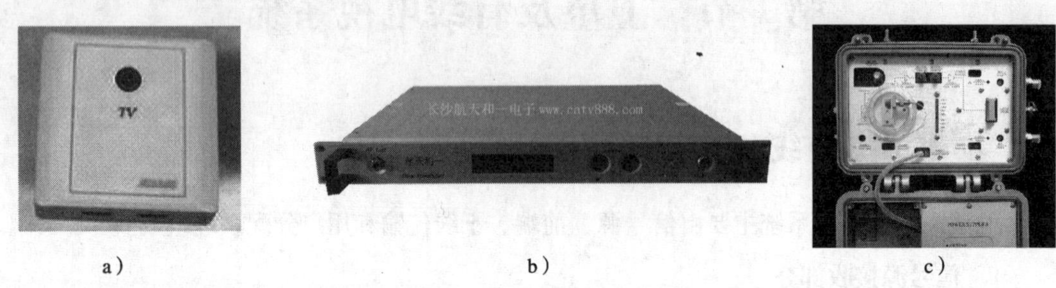

a）　　b）　　c）

图 2—1—2　光接收机、光发射机和用户终端盒

a）用户终端盒　b）光发射机　c）光接收机

1. 放大器

如图 2—1—3 所示，放大器是有线电视系统中最重要的器件之一，其作用是把信号放大以补偿在传输过程中的损耗，保证用户端电平足够高、失真和噪声尽可能小。放大器的类型见表 2—1—1。

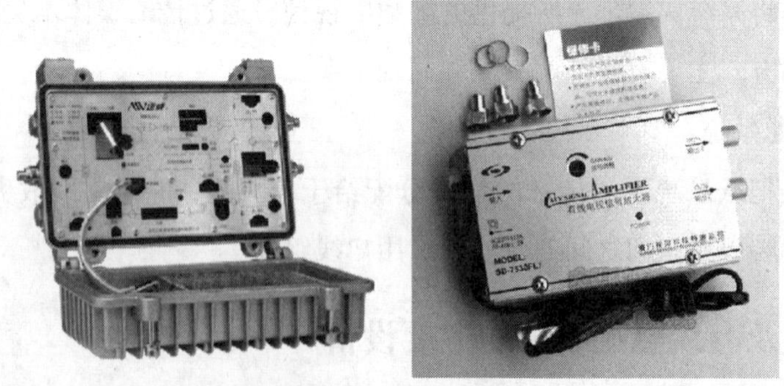

图 2—1—3　放大器

2. 同轴电缆

同轴电缆是有线电视系统的重要器材之一，是传输射频信号的主要媒介。同轴电缆由内导体、外导体、绝缘介质和外护套四部分组成。

表2—1—1 放大器的类型

分类依据	类型
按使用场合分	天线放大器、前置放大器、干线放大器、延长（支干）线放大器和分配（楼栋）放大器
按传输带宽分	频道放大器、频段放大器、宽带放大器（300、450、550、750、860 MHz）
按不同种类分	单模块、双模块、多模块放大器，单向、双向放大器，单输出、双输出、多输出，室内、野外型（机架式或机壳式），高增益、中增益、低增益，分散、集中供电型（220 V/60 V）

同轴电缆和分类方式和主要类型如下：

（1）按尺寸大小分：国产 -5、-6、-7、-9、-12、-13、-15、-17，RG6、RG11。国外 MC-440、500、650、750，QP-540、565、860、1 英寸。

（2）按介质材料分：实心、化学发泡、纵孔、物理发泡和竹节电缆。

（3）按外导体材料分：全屏蔽网、屏蔽网+铝膜（双屏蔽和四屏蔽）、铝带纵包、焊接铝管和拉伸铝管等。

（4）按内导体材料分：全铜、铜包铝、铜包铁等。

3. 分支、分配器

如图2—1—4所示，分支、分配器的作用是把一路信号按线路需要分成多路信号，以满足不同线路和用户需要。按不同的分类方式有：室内、室外型，过流、非过流型，普通、高隔离度型。

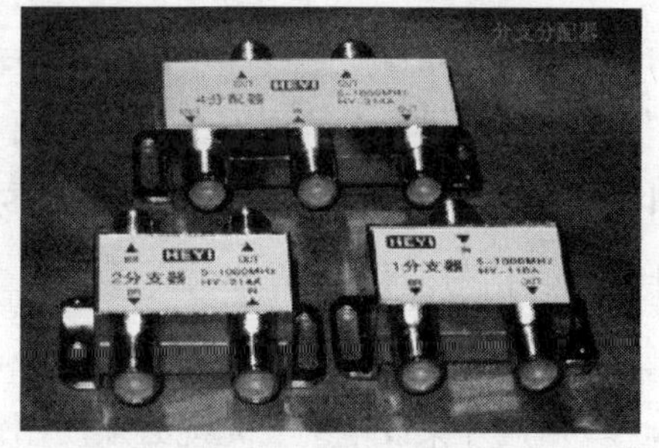

图2—1—4 分支、分配器

4. 用户终端盒

用户终端盒是有线电视系统和用户电视机连接的桥梁。按不同的分类方式有：明装、暗装用户盒；塑料壳、金属壳；单孔、双孔用户盒——TV/FM，阴、阳头；终端型、串接型用户盒；隔直流型、非隔离型；混合型用户盒——RJ-45、F头、TV/FM。一般建议采用终端隔直流型用户盒。

三、卫星及有线电视系统的安装和调试

1. 卫星及有线电视系统的安装

施工质量的好坏是有线电视系统能否正常工作的关键，也是保证系统长期稳定的重要环节。因此在施工中一定要精心组织、加强管理、统一规范和严格验收，确保工程质量合格。

（1）工程施工前的准备工作

组织和挑选施工队伍，做好岗前培训。调查施工地点情况，精心绘制施工图纸，标

明线路走向和设备器材型号、安装位置，注明施工要求；办理工程施工审批手续。严格按设计图纸要求组织和清点施工设备器材，确保施工设备器材的质量。

（2）工程施工管理

每个工程的设计施工都应配备一名施工技术管理人员，以便处理和协调施工中出现的问题，并随时检查每一段工程的施工质量。严格按照施工设计图纸和施工规范要求施工，不得随意更改设计方案和图纸。遇到特殊情况需要修改设计方案和图纸时，必须重新设计和计算，并经审核批准后方可施工。施工工程完工后，由施工技术管理人员先行调试开通；工程调试合格，应准备好图纸、资料报技术管理部门验收，工程验收合格方可签字移交；图纸和资料一并移交给技术管理部门存档，以便管理和维护时使用，维护部门接手进入正常维护工作。

（3）工程施工的一些基本要点

1）天线安装底座要与地面（或屋面）水泥基础紧密连接，并做好防雷接地措施，外露铁件要做好防锈处理。

2）机房设备的机架要连接紧固，设备之间应留有一定的间距，以便散热；机架要有良好的接地措施，机架的接地不得与防雷接地系统高位连接。

3）机房供电系统要安全可靠，要求配备备用电源（含发电机）和稳压电源，有条件的应配备不间断电源 UPS。信号设备系统供电要统一，防止供电相位和电位差不一致，干扰正常信号质量。

4）强、弱电系统要做好屏蔽隔离，分开走线，以免引起干扰，影响信号质量。

5）户外架设电缆、光缆必须使用钢绞线和挂钩。挂钩间距为 0.5 ~ 0.6 m。不得使电缆、光缆直接受力。

6）与电力线要保持一定距离：1 kV 以上 2.5 m，1 kV 以下 1.5 m，户内明线 0.3 m。

7）电缆弯曲度不小于线径的 40 倍。在转弯处和钢绞线固定处要留有余量。

8）户外接头必须做好防水处理，有条件的户外电缆均采用铝管电缆，电缆接头采用 5/8 in 的防水接头。户外放大器和分支、分配器应采用防水型，并要保证不被水浸泡。

9）架空电缆和墙壁电缆引入地下时，要采用 2.5 m 以上的钢管保护，钢管埋入地下 0.3 ~ 0.5 m。电缆直埋深度不得小于 0.8 m。

10）架空电缆、光缆跨越交通要道高度不得低于 4.5 m，特殊地段不得低于 6 m。

11）带放大器不得带用户的放大器，带用户的放大器不得带放大器。

12）主干线、支干线应尽可能传输最远，线路开口最少。

13）用户盒应采用隔直流型，以防市电串入引起干扰或伤人。

14）有源器件必须要有良好的防雷接地措施，特别是干线放大器和光站。

2. 卫星及有线电视系统的调试

（1）调试前的准备工作

调试人员应具备一定的理论基础知识和实践经验，熟悉仪器使用和常见故障处理。阅读、熟悉有线电视系统的设计图纸和资料，掌握设计要点。阅读所要调试设备的说明书，掌握设备的特性和使用要求。配备必要的设备、仪器，如场强仪、万用表、电视机及相关工具配件等。

（2）信号源的调试

使用场强仪调整接收天线的方向，使接收天线的电视频道场强最大；并用电视机监看图像质量有无杂波干扰和重影；天线信号电平低于 60 dB 的可考虑使用低噪声天线放大器。根据所接收卫星方位参数，使用场强仪、卫星接收机和电视机调整卫星天线的仰角、方位角，使所需接收信号的接收场强最大和图像质量最好且稳定。

（3）前端设备的调试

根据设计方案的要求配置各电视频道调制器，并调整所有调制的输出电平基本相一致，视频调制度为 87.5%，图像载波电平与伴音载波比（A/V）为 -17 dB（标准为 13~24 dB）。调整调频调制器的输出电平与电视伴音载波相一致（也可稍低于图像载波），并调整信号频偏为 ±75 kHz。调整频道处理器的输入、输出频道（捷变频处理器），使输入和输出频道与接收信号频道及转换频道相一致。并调整输入电平范围为 70~75 dB，输出电平和 A/V 比与其他频道基本相同。

（4）干线系统的调试

1）检查干线供电器（或不间断电源 UPS）和电源插入器连接是否正确，测量电源供电是否正常。并检查各干线放大器的电压、电流是否满足正常工作要求。

2）按设计方案要求调整干线放大器的输入、输出电平。

3）对于具有单导频控制 AGC 和双导频控制 ALC/ASC 的干线放大器的调整。一般调整方法是先关掉导频控制，调整输出电平到设计值；分别打开导频信号控制开关，调整输出电平至最大值，再回调至设计值。不同的放大器类型有不同的调整方法，可参照说明书的要求调整即可。

（5）分配系统的调整

1）延长线放大器和分配放大器的调整与干线放大器的调整基本相同。

2）检查用户电平是否达到设计要求，一般用户电平在（67 ±4）dB 或（70 ±5）dB 之间，主要视网络实际情况和干扰情况而定。一般用户电平分配低些，每台放大器所能带的用户更多，有利于节省网络建设投资。

3）观看用户端的各频道电视机图像是否清晰、稳定，并根据实际情况调整分配网络参数，最终满足网络设计要求。

第 2 节　公共广播系统

一、公共广播系统概述

随着城市建设的发展，城市内的高层建筑及大、中型民用建筑像雨后春笋般纷纷拔地而起，成为现代化城市的象征。不断兴建的现代化旅游宾馆、大型商场、车站、机场、码头、体育场馆等公共场所，越来越多地需要与之配套的公共广播系统。公共广播系统是进行远距离传输音乐节目信号的音频系统，可用于宾馆、办公楼及大中型会场、体育场等公共场所，如图 2—2—1 所示。

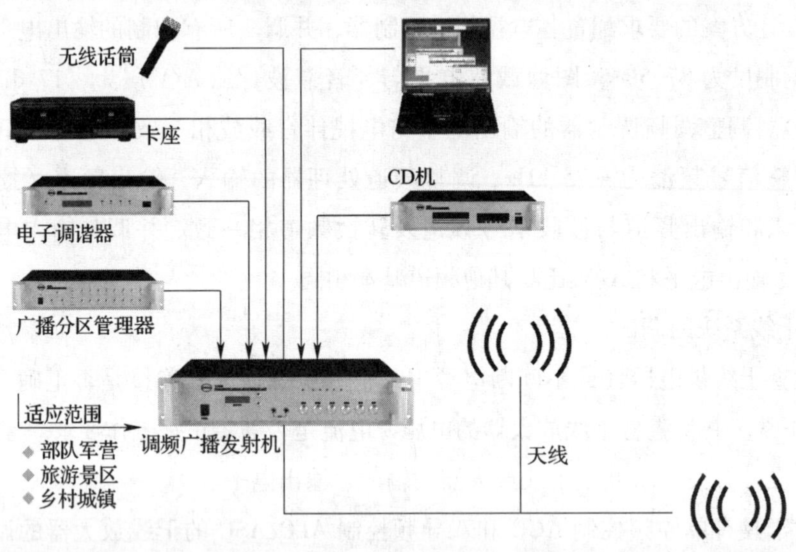

图 2—2—1　公共广播系统示意图

优良的广播系统不仅可以给人们带来轻松、愉快、舒适的艺术享受；而且在建筑物发生紧急情况（如火灾、地震等）下，还可起到及时指导人员疏散、统一指挥救灾工作、避免重大人员伤亡事故发生的重要作用。

二、公共广播系统的类型

现代化建筑的公共广播系统根据建筑规模、使用性质和功能要求，可分为以下三种类型：业务性广播系统、服务性广播系统和火灾事故广播系统。

1. 业务性广播系统

办公楼、商业写字楼、学校、医院、铁路客运站、航空港、汽车站、银行及工厂等建筑物设置业务性广播系统，以满足业务和行政管理为主的业务广播要求。

2. 服务性广播系统

宾馆、旅馆、商场娱乐设施及大型公共活动场所设置服务性广播系统，服务性广播范围是背景音乐和客房节目广播，目的是为人们提供欣赏性音乐类广播节目，以服务为主要宗旨。广播节目内容安排根据服务对象和工程级别情况而定。

3. 火灾事故广播系统

主要用于火灾发生时，在消防控制室的消防人员通过火灾事故广播引导人们迅速撤离危险场所。

三、公共广播系统的组成

公共广播系统基本上可以分为四个部分：节目源设备、信号放大器和处理设备、传输线路和扬声器系统。

1. 节目源设备

节目源设备通常有无线电广播、激光唱机和录音卡座等，此外还有传声器、电子乐器等，如图 2—2—2 所示。

图 2—2—2　不同型号的节目源设备

2. 信号放大器和处理设备（见图2—2—3和图2—2—4）

图2—2—3　均衡器和调音台

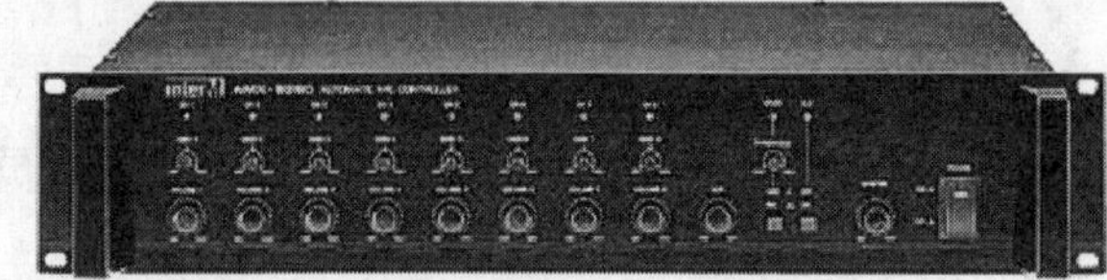

图2—2—4　功率放大器和前置放大器

信号放大器和处理设备包括均衡器、前置放大器、功率放大器和各种控制器及音响加工设备等。这部分设备的首要任务是信号的放大，其次是信号的选择。调音台和前置放大器的作用和地位相似（当然调音台的功能和性能指标更高），它们的基本功能是完成信号的选择和前置放大，此外还具有对音量和音响效果进行各种调整和控制的功能。有时为了更好地进行频率均衡和音色美化，还另外单独投入均衡器。这部分是整个广播音响系统的控制中心。功率放大器将前置放大器或调音台送来的信号进行功率放大，再通过传输线推动扬声器放声。

3. 传输线路

传输线路虽然简单，但随着系统和传输方式的不同而有不同的要求。对于礼堂、剧场等，由于功率放大器与扬声器的距离不远，一般采用低阻大电流的直接馈送方式，传输线要求用专用喇叭线；而对于公共广播系统，由于服务区域广、距离长，为了减少传输线路引起的损耗，往往采用高压传输方式，由于传输电流小，故对传输线要求不高。

4. 扬声器系统（见图2—2—5）

图2—2—5　不同型号的扬声器

扬声器系统要求整个系统的匹配，同时其位置的选择也要切合实际。礼堂、剧场、歌舞厅等，由于对音色要求较高，扬声器一般用大功率音箱；而公共广播系统，由于对音色要求不高，一般用3～6 W的天花喇叭即可。

四、公共广播系统的施工

公共广播系统设计通常都从声场（即扬声器的放置位置）开始，然后再向后推进到功率放大器、声处理系统、调音台，直至话筒和其他音源。这种逐步向后推进的设计步骤是十分必然的。因为声场设计是满足系统功能和音响效果的基础，它涉及扬声器系统的选型、供声方案和信号途径等。只有确定了扬声器系统才能进行功率放大器驱动功率的计算和驱动信号途径的确定，然后再根据驱动功率的分配方案进一步确定信号处理方案和进行调音台的选型等。

1. 公共广播设备选型

设计一套好的公共广播系统，应由专门的技术人员根据建筑特点和投资方所选用的具体设备进行二次设计。投资方在选用设备时，应根据资金情况尽量选用性能稳定、使用寿命长的设备。设计人员会根据市场上公共广播产品的特点，以质量、价格、售后服务、生产厂家的综合实力等多方面因素为标准进行分析、比较，最终为客户选择了最适用的公共广播产品。选型原则如下：

（1）系统设计的科学性、准确性和先进性。对公共广播系统进行设计时，应保证这些场地的声学技术指标达到招标文件中规定的要求，使各个场地的音响系统设计具有科学性、准确性和先进性。

（2）满足功能要求的系统性和实用性。在公共广播系统设备配置中，保证系统应具备完成工程所要求功能的能力和水准，符合工程实际需要和国内有关规范的要求，并应实现容易，且操作方便。公共广播系统选用的设备均应为国内、外知名厂家的先进产品，设备的指标满足要求，并且具有一致性和互换性，使系统具有良好的灵活性、兼容性、扩展性和可移植性。

（3）设备的可靠性和服务保障。公共广播系统中的主要设备均为著名品牌的产品，具有极高的可靠性和出色的性能表现，已在国内各地成功应用并获得很高的赞誉；同时有一定的免费维护，并在国内各地建立有完善的技术服务网络，能为客户提供及时、有效的服务。

（4）系统配置的经济性。设计时始终遵循公共广播系统选用设备的性能和价格之比达到最佳的原则，以保证公共广播系统配置具有很高的经济性和实用性。

2. 公共广播系统的安装

(1) 广播室设备就位

广播室设备的位置应根据现场条件来确定，尽量做到便于操作、便于设备散热，减少其他设备的干扰。

广播室设备安装之前，应将吊顶、墙壁粉刷，地板和隔音层工程做完；有关机柜设备的基础型钢预埋完毕；天线、地线应安装完毕，并引入室内接线端子上；进出线管槽预留位置正确。完成以上各项工作后，方可进行设备的安装。

设备开箱后，要认真按设备清单检查设备外表及其附件，收集、保存设备操作使用说明书。

广播室设备的布置应使值班人员在值班座位上能看清大部分设备的正面，能方便、迅速地对各设备进行操作和调节，并能监视各设备的运行显示信号。

广播室的设备安装要考虑到维修的方便，设备之间不应过分密集。控制台与机架之间应有较宽的通道，与落地式广播设备的净距一般不宜小于1.5 m；设备与设备并列布置时，应保证间隔能便于通行，一般宜小于1 m。

设备的安装应该平稳、端正，落地式设备应用地脚螺栓加以固定，或用角钢加固在后面的墙上。

对于和外线有关的设备，其装置应尽量靠近外线进入的地方，同时也要考虑使用方便。这类设备最好直接装置在墙上，其装置高度可根据需要而定。一般地线接线板装置在高度为1.8 m处，分路控制盘和配电盘装置在高度为1.2 m处（均指盘柜底边与地面的距离）。

设备安装完毕，应对其垂直度进行调整，调整时，采用吊线锤和钢板尺进行。

广播设备安装在装修木地板的室内时，设备不宜放置在木地板上，应固定在预埋基础型钢上，并加以螺栓紧固，导线可以敷设在木地板下的线槽中。

(2) 导线敷设

首先应按系统的配置情况，确定系统各设备合适的安装位置，然后确定走线用的管道（或槽板）的位置及走向。走线应避免与电力线并行，否则会影响通话清晰度和引入干扰噪声。

1）输出电缆的选择。一般来讲，扩音系统的输出电缆的截面积不应小于0.75 mm^2。电缆应排在导线槽内，或采取其他的有效保护措施。在临时布线时，因线路垂悬、松弛，所以最好用较重型电缆（1.5 mm^2），并且最好在外面增加保护措施。

2）室内导线的敷设方式。广播室内导线敷设可分为天线引入接线、中间连线、输出线、电源引线和接地线敷设。输入放大器的信号线路，一般传送电平极低，易受外界干扰，产生干扰后经放大器放大输送给扬声设备，对广播质量影响较大。虽然此类线路已在设计中采用了屏蔽电缆，具有很强的抗干扰能力，但在安装施工时应特别注意：广播室是各种强弱信号线和电源线的汇集点，干扰源较强，屏蔽电缆电线中间严禁设置中间接头；屏蔽电缆电线与设备、插头连接时应注意屏蔽层的连接，严禁采用扭接和绕接，应采用焊接，焊接应牢固、可靠、美观。中间连线是指用在前级放大设备与功放设备分装的设备上，把经过前级放大后的信号用中间连线连接在功放设备上。此类线路传输电平虽比输入线要高，但仍需要用能抗干扰的屏蔽线，连接线中间也不允许有接头，两头用插头连接，连接方法为焊接（即导线与插头焊接）。

广播室的走线方式见表 2—2—1。

表 2—2—1　　广播室的走线方式

类型	说明
地板线槽走线	地板下设线槽走线，适用于多设备间连线相互交错的广播室。广播室地面敷设地板或预留线槽，可将导线整齐地排放在预留线槽内，用绑扎线每隔 1 ~ 1.5 m 绑扎一次。导线一层排列不下，可以排列两层，两层不应绑扎在一起。转弯处转弯半径应大于导线直径 6 倍以上。线槽盖板应盖在线槽上。导线进出地板线槽时，应采用金属线槽加以保护。金属线槽底板用膨胀螺栓固定在设备背面，并应与地线作可靠连接
暗管敷设	暗管敷设也是常用的一种走线方法。它是将钢管预埋在地下或墙壁内。有时采用暗管敷设配线，暗敷在天棚吊顶和木地板内，再在钢管内穿放导线。钢管的直径可根据管内敷设的导线截面积、数量和将来的预留量确定。低电平线与高电平线、电源线、广播输出线不要穿于同一管内。穿线用的保护套管、线盒应在砌墙时预埋好，预埋的深度应根据面板的结构确定，应使设备面板紧扣墙面。线管口应光滑无毛刺。对较长或有两个弯曲部位的管子，在暗装时应预穿钢丝，以便穿引电线
明敷设	在小容量的广播室可采用明线安装，或用塑料线槽或硬管明配线。明装配线时，线路应保持横平竖直。各房间的安装高度和位置应一致 输出线是指由扩音机输出端子到广播室分线端子箱一段连接线路，其传输电平较高，可按一般塑料线的敷设方法进行敷设，敷设路线、导线截面按设计选定。这种线路两端应焊接接线端子，用接线端子排上的螺栓加以固定。压接应牢固可靠，并对每根导线两端进行编号，编号应与系统图一致 广播设备应进行可靠接地。接地线引入广播室的地线端子板上，室内地线引线是指设备接地端子至地线端子的连线，一般采用不小于 16 mm^2 的软铜芯电缆作为连线，芯线两个连接端头应作搪锡处理或焊接接线端子，地线采用螺栓紧固在地线端子或设备的接地端子上，螺帽下应加弹簧垫片 系统接线是在端子排上连接的，接线时应对端子进行编号。编号应和系统图中的编

续表

类型	说明
明敷设	号一致，编号可用塑料套管。在走线用的管道或线槽内不应有导线接头。布好的导线各头尾处应做好必要的标记，并保护好，否则会给下一步的安装带来很大麻烦。对于新建建筑，布线应在土建粉刷完工后进行 穿线时应将电缆放在线架上，不要拐急弯。在管子出口处应套橡胶护圈保护电缆。电缆在接线盒内要留有150~200 mm的预留量，以备维修时使用

(3) 校线

按照系统图、布线图布置好各路电缆。电缆在与各设备连接前，应用万用表先检查和区分好各线路代号，并检查各线路是否畅通。各线路相互间及与铁管间应绝缘良好。并检查每根电缆、每根芯线的编号是否与施工图相符。在检查无误后即可连接各部分。

(4) 电源

广播室一般设置独立的配电盘（箱），由交流配电盘（箱）输出若干回路供给各个广播设备交流电源。配电盘（箱）分为壁接式和落地式两种。中等容量的广播室（500 W以下）一般采用壁接式，这种配电箱采用4个8 mm×70 mm膨胀螺栓加以固定，施工方法如下：

1）在混凝土或砖墙上划线，然后用冲击电钻钻孔，其位置应使配电箱底边距地1.5 m。

2）清理孔内的灰渣，放入膨胀螺栓。

3）用锤打击胀管，使套管里端胀开。

4）将配电箱安装端正、垂直，拧紧螺帽。

大容量的广播室（站），一般采用落地式配电盘，配电盘采用闸刀开关控制总电源和分路电源，配电盘应安装在基础型钢上。

配电盘（箱）安装完毕后，各控制开关下的标志应清楚，回路编号应齐全，各控制开关应动作灵活、有效。广播系统对供电电压和容量要求很高，供电电压与广播音质有关，由于电源电压不稳，会使音频信号失真，因此配电盘（箱）内常设有稳压装置，稳压器的容量一般大于实际需要容量，使用时不会发热。有些广播系统具有生产调度指挥、火警广播等功能，可设置直流蓄电池组备用电源和电源互换装置。

(5) 机柜

公共广播系统放置在19寸（即19英寸，下面未特别说明，均指英寸）的标准机柜中。至于机柜的内部区隔则视系统的配备多寡决定。基本的配备包括背景音乐放送机、收音机以及扩大机等。为方便消费者订购，标准机柜高度为44.45 mm（1.75 in），此标准尺寸又称为「HE」或「U」。机柜通常会加装玻璃门，以方便监视系统设备的运作；

但是也有未装玻璃门的情况。规划机柜隔间时，以下几项原则必须注意：

1）设备的显示器及键盘架设的前端部分高度需适中。当操作员在输入程序时，显示器及键盘会上升至水平位置。因此，为方便观看以及操作，基本上系统的放置位置不应高于肩部。

2）卡式放音机、显示器以及其他常用的仪器应该放在容易看见的位置。

3）如果在功率扩大器系统上方安装设备，则其间应放置一层防热护网，以保护系统的微处理控制元件，不致因过热造成损坏。

4）当使用数个功率扩大器时，机柜中应装设风扇帮助散热。

5）如果系统连接过于庞大，建议最好使用电源分段顺序开关，以分散系统开关机时造成电源供应的过大负载。

6）如果系统连接过于庞大，建议最好将各设备、配线及机柜的编号名称贴上，以方便安装、操作及维修。

广播设备的正确安装和使用不仅对使用者的安全非常重要，而且对设备的性能也是有益的。维修广播设备时，不能把它们放在金属制的架子、台子或桌子上。因为金属会导电，很容易造成触电和设备损坏事故，而且也容易带来干扰噪声。木制的架子和台子是广播设备的理想工作台和支架，但是，必须保证这些台、架有足够的强度，能经受住立体声设备的重量，而不致斜倒。对于大多数唱机来说，保持架子和台子的水平也是非常重要的。

各种广播设备的通风孔不可封闭，尤其是放大器的通风孔更需特别注意。因为有些放大器消耗功率达 100 W 以上，产生很多的热量，非常需要通风制冷。不要把一个设备摞在另一个设备上面，在各种设备之间至少留有 1/2 in 以上的空隙。在家庭中，切勿把广播设备靠近发热体，也不要放在靠近窗口处，以免受到太阳的直接照射。电路里面热量的积累会形成高温，使设备性能发生改变或使电路损坏。

（6）接地屏蔽与噪声干扰

许多广播设备和大多数测试设备都要求电源线有接地线，以防止触电和减小干扰噪声。测试设备一般用三个插脚的插头，但是，立体声设备常常用两个插脚的极性插头。极性插头最宽的那个插脚始终是交流电源的接地端，因此，正确地使用这个插头将会减小接地回路引起的干扰噪声。

放大器之间的地线除了制造公司指明要连接的地线以外，不要自作主张地在两个音频设备之间随便另接地线。一般来说，通过极性电源插头和音频电缆外屏蔽线的连接，每个广播设备都接好地了。

话筒与放大器可采用低阻抗非平衡式连接和平衡式连接两种方式。非平衡式连接方式连接简便，但易受附近的交流电源、无线电波等外部干扰，在传输距离较近时可采用。平衡式连接可使线路不受外电磁场干扰，因此传输电缆的距离可较长（可达100 m）。

上述的接地线，也可用作公共广播系统信号的屏蔽接地，所有的设备根据分类（弱信号，强信号，控制信号等）将隔离线接在一起。因此，在理想的情况下，公共广播系统的信号将是干净且无干扰的。但是不幸的是，地线常常因设备未作分类接地，或接地不良等因素，造成地线干扰。如果有可能，最好将同一类型的设备在地下拉一条独立的地线回路，再适当地将地线与机柜连接。

接地与屏蔽建议：接地时，确定一个设备或一个系统，仅有一点接地。有关电源的部分由总电源的接地点，再分接给各器材电源接地。有许多器材可能没有机壳接地，应尽可能地利用其金属的外壳与机柜的金属外壳相连接，以达到接地的目的。如果器材与机柜之间金属连接不良，可另外利用一条短的连接线将其相接，以确定器材与机柜之间的连接良好。有些器材由于信号输出是不平衡的方式，应尽可能地利用隔离变压器将其转换为平衡式的电气特性。若无法做上述的改变，应尽可能地缩短彼此之间的连线。通常器材都会将接地分为电气接地与系统接地。在此情形下，多组器材相接时，需注意可能会有多点接地的情形发生。通常器材（单机）的电气接地与系统接地是用跳接线接在一起的。若多组器材相连时，此跳接线就须拆开，使各器材的电气接地与系统接地回路分开。传输音频信号需要使用专用的音频电缆，这些电缆必须非常柔软，通常还加屏蔽，在连接器处不变形。采用焊接或压接的方式使它与连接器连接好，并且尽可能做上彩色标记。音频电缆的中心导线周围有金属屏蔽网（屏蔽网覆盖面占 90% 以上），它可以使信号源与放大器之间的小信号不受噪声的干扰。另外，这些电缆的电容必须很小（约 40 pf/ft 以下），以减小高频损失。

思考与练习

1. 卫星及有线电视由哪几部分构成？
2. 简述卫星及有线电视的主要设备。
3. 简述卫星及有线电视的安装、调试步骤中需注意哪些事项。
4. 公共广播系统指的是什么样的系统，它有哪些类型？
5. 公共广播系统由哪几部分组成？
6. 简述公共广播系统施工中需注意的事项。

第3章 综合布线系统

第1节 综合布线系统基础知识

一、综合布线系统概述

1. 综合布线系统的概念

综合布线系统是用于传输数据、语音、报警信号、视频、图像和其他信息及实现串行通信的标准结构化布线系统。综合布线系统的部件包括传输介质、连接器、端接设备以及适配器、各类插座、插头、跳线、配线架等。通过这些部件来构成布线系统中各种子系统，如图3—1—1所示。

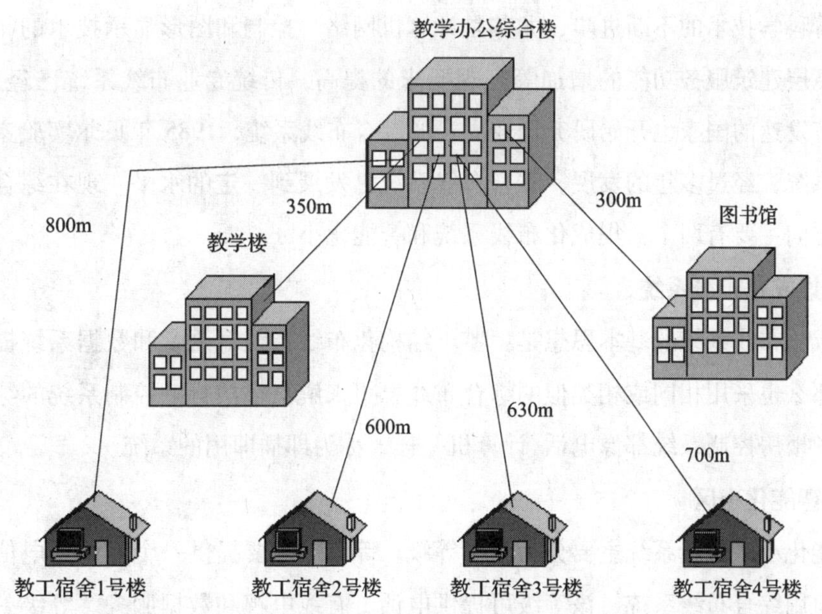

图3—1—1 综合大楼布线走向

2. 综合布线系统的特征

（1）兼容性

综合布线的首要特点就是它的兼容性。兼容性主要是指布线自身完全独自而与应用系统相对无关的性质，可以适用于多种应用系统。

（2）开放性

综合布线系统是采用开放式的体系结构，符合多种国际上流行的标准，而且几乎对所有的厂商都是开放的，对所有的通信协议也是开放的。

（3）灵活性

在综合布线系统中，由于所有信息系统都是采用相同的传输介质和物理星型拓扑结构，因此所有的信息通道都是通用的。

（4）可靠性和先进性

综合布线系统采用高品质的材料和组合压接的方式构成一条高标准的信息通道。所有的器件均通过 UL、CSA、ISO 认证，每条信息通道都要采用物理星型拓扑结构和点到点端接，任何一条线路的故障均不会影响其他线路的运行，为线路的运行维护及故障检修提供了极大的方便，从而保障了系统的可靠运行。同时，综合布线系统采用光纤与双绞线混布方式，极为合理地构成一套完整的布线系统。

二、综合布线系统的发展趋势

随着科学技术的不断进步，尤其是计算机网络、控制和图形显示技术的相互融合和发展，高层建筑服务功能的增加等客观要求的提高，传统专业布线系统已经远远落后。一些经济发达的国家也开始研究比较先进的综合布线系统，1985 年贝尔实验室推出了综合布线系统，经过多年的发展，综合布线系统已发展到一定的水平。现在综合布线系统的发展方向主要有两个：集成化布线系统和智能化小区。

1. 集成化布线系统

集成化布线系统的基本思想是：鉴于结构化布线系统对语音和数据系统提供综合性支持，那么也采用相同或相类似的综合布线思想来解决楼房自动控制系统的综合布线问题，使各楼房控制系统都像电话/计算机一样，称为即插即用的系统。

2. 智能化小区

智能化小区布线系统主要分为两个等级。等级一主要提供一个可满足电信服务最低要求的通用综合布线系统，该等级可提供电话、有线电视和数据服务。等级一按照星型拓扑结构，采用非屏蔽双绞线连接。等级二提供一个满足基础、高级和多媒体电信服务的通用布线系统，该等级可提供当前和正在发展的家庭电信服务。

在多层大厦智能化小区布线系统中，每个家庭必须安装一个分布装置。分布装置是一个交叉连接的配线架，主要端接所有的电缆、跳线、插座及设备连线等。分布装置配线架主要用于增强、改动电信设备，并提供连接端口，以满足不同的系统应用。

智能化小区布线系统除支持数据、语音、电视媒体应用外，还可提供对家庭的保安管理和对家用电器的自动控制以及能源自控等。

三、综合布线系统的组成

根据功能不同，综合布线系统可划分为工作区子系统、水平子系统、管理子系统、垂直子系统、设备间子系统、建筑群子系统六大子系统，如图3—1—2所示。

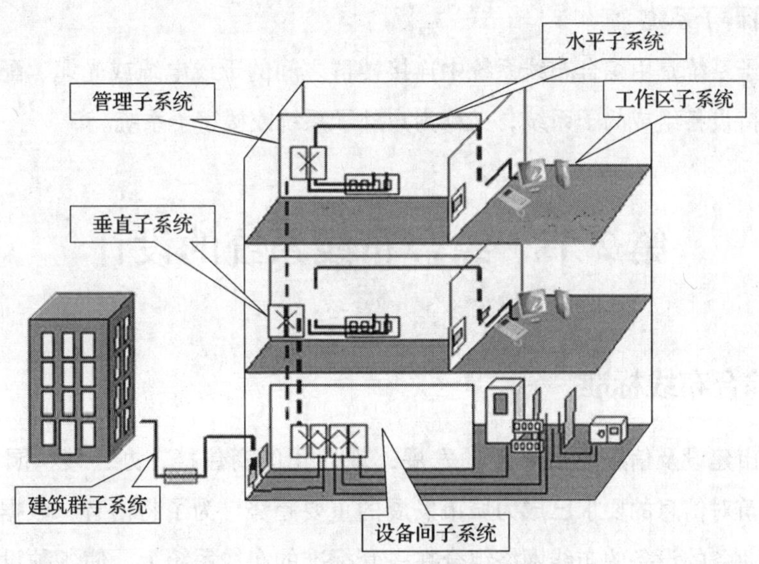

图3—1—2　综合布线各系统示意图

1. 工作区子系统

工作区子系统是由工作区内的终端设备连接到信息插座的线缆所组成，包括信息插座、插座盒、连接跳线和适配器。

2. 水平子系统

水平子系统，也叫配线子系统，由从一个工作区的信息插座开始，经水平布置到管理区的内侧配线架的线缆所组成，目的是实现信息插座盒和跳线架的连接。

3. 管理子系统

管理子系统设置在每层配线间及大楼主设备间内，由配线架和跳线及辅助配件等组成。利用管理子系统，可以实现不同的网络拓扑结构。综合布线的灵活性和优势主要体现在管理子系统上，只要简单地调一下线就可以完成任何一个结构化布线的信息插座对任何一类智能系统的连接，极大地方便了线路重新布置和网络终端的调整。

4. 垂直子系统

垂直子系统是综合布线系统中连接各管理间、设备间的子系统，是楼层之间垂直干线电缆的通称，也称主干线子系统。它提供建筑物的主干电缆的路由，是综合布线系统的神经中枢，实现主配线架和中间配线架的连接。

5. 设备间子系统

设备间子系统是指在每幢大楼的适当地点设置进线设备用于进行网络管理，而且管理人员值班的场所，一般称为网络中心或中心机房。

6. 建筑群子系统

建筑群子系统是由综合布线系统中连接楼群之间的干线电缆或光缆、配线设备、跳线及各种支持设备组成的子系统，又称为户外子系统或楼宇子系统。

第 2 节　综合布线系统的设计

一、综合布线标准

随着城市建设及信息通信事业的发展，现代化的商住楼、办公楼、园区等各类民用、工业建筑对信息的要求已成为城市发展的重要趋势。为了将语音、数据、图像及多媒体等不同业务的设备的布线网络组合在一套标准的布线系统上，使各种设备终端的插头都能插入标准的插座内，相关组织制定了综合布线系统标准，作为综合布线系统设计的规范。

通常来说，生产厂家应更多地遵循布线部件标准和设计标准，布线方案设计时应遵循布线系统性能、系统设计标准，布线施工时应遵循布线测试、安装、管理标准及防火、防雷接地标准。

例如，一个典型的办公网络的布线系统集成方案中所采用的标准包括：

国家标准《综合布线系统工程设计规范》（GB 50311—2007）、国家标准《综合布线系统工程验收规范》（GB 50312—2007）、《大楼通信综合布线系统　第 1 部分：总规范》（YD/T 926. 1—2009）、《大楼通信综合布线系统　第 2 部分：电缆、光缆技术要求》（YD/T 926. 2—2009）、《大楼通信综合布线系统　第 3 部分：连接硬件和接插软线技术要求》（YD/T 926.3—2009）、北美标准《商用建筑通信布线标准》ANSI/TIA/EIA 568—B、国际标准《信息技术——用户通用布线系统》ISO/IEC 11801（第二版）、《国际电子电气工程师协会：CSMA/CD 接口方法》（IEEE 802.3）。

而当用户进行招标就布线产品、部件进行选型，需要提供产品的详细技术参数时，就需要生产厂家直接或配合销售商与集成商提供所遵循布线部件标准的名称。可从三方面入手：①规范用词说明；②规范适用原则；③规范主要内容。

二、识读图纸和文档

综合布线设计为综合布线施工服务。设计前，首先需熟悉施工图纸和文档，了解设计内容和设计意图，明确工程所采用的设备和材料，了解图纸所提出的施工要求，综合布线工程和主体工程以及其他安装工程的交叉配合，以便及早采取措施，确保在施工过程中不破坏建筑物的强度和建筑物的外观，不与其他工程发生位置冲突。

1. 识读建筑平面设计图（见图3—2—1）

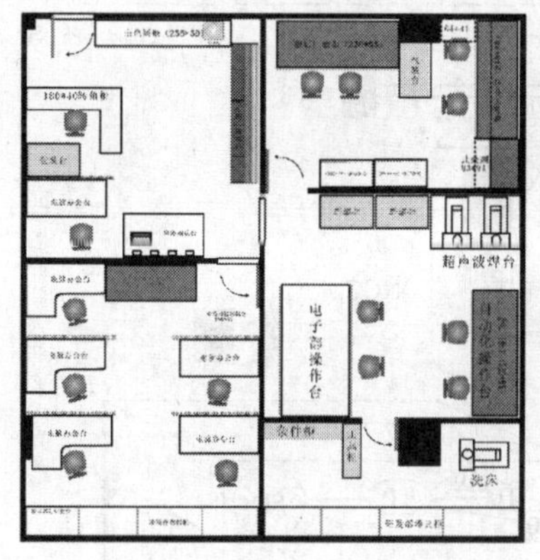

图3—2—1　两幅典型的建筑平面设计图

2. 识读综合布线系统拓扑图（见图3—2—2）

3. 识读机柜配线架信息点布局图（见图3—2—3）

4. 识读机柜设备安装图（见图3—2—4）

三、编制图纸和文档

设计与实现一个综合布线系统一般有六个步骤：获取建筑物平面图、分析用户需求、系统结构设计、布线路由设计、绘制布线施工图、编制布线用料清单。

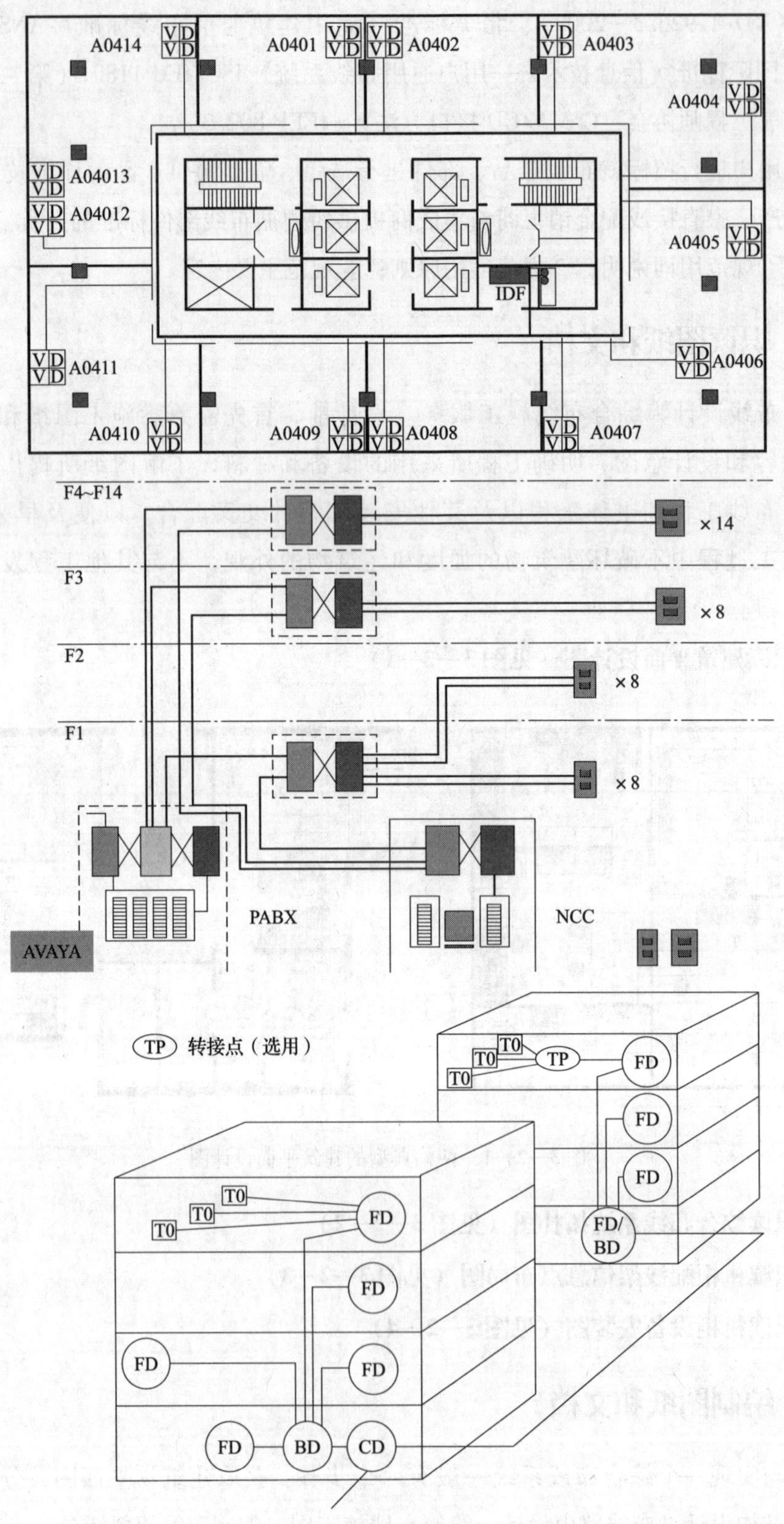

图 3—2—2　综合布线系统拓扑图

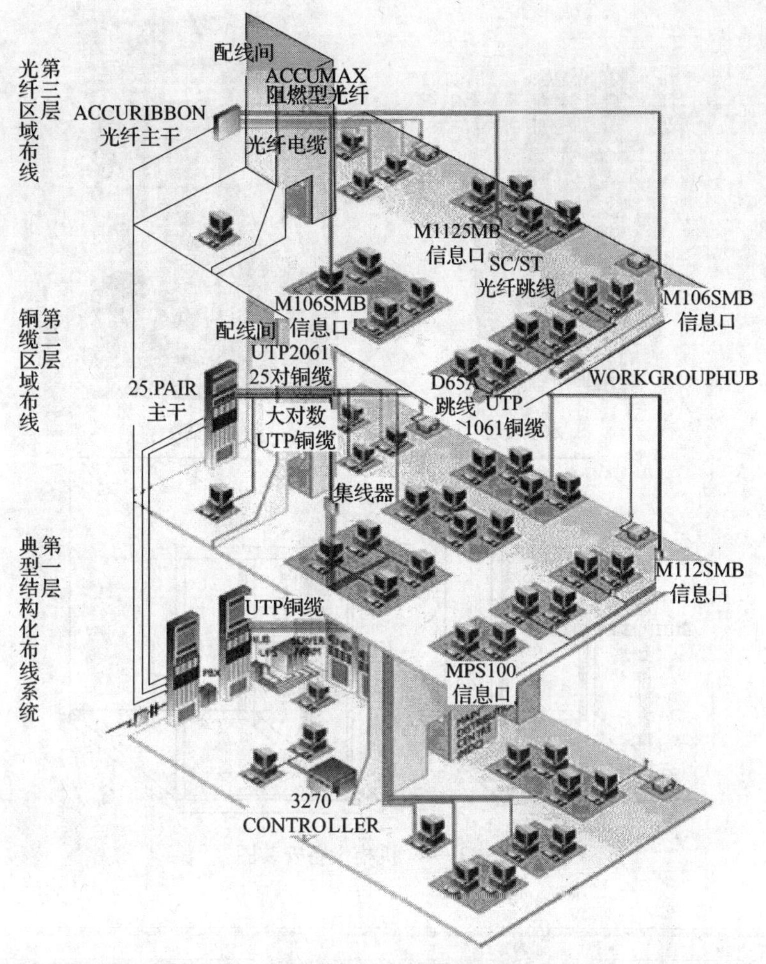

图3—2—3　信息点布局图

1. 编制综合布线工程信息点数量统计表

首先在表格第一行填写文件名称，第二行填写房间或区域编号，第三行填写数据点TO和语音点TP。一般数据点在左栏，语音点在右栏，其余行对应楼层，注意每个楼层有两行，其中一行为数据点，一行为语音点，同时填写楼层号，楼层号一般是第一行为顶层，最后一行为一层。然后编制列，第一列为楼层编号，其余为房间编号。

把每个房间的数据点和语音点数量填写到表格中。填写时逐层逐房间进行，从楼层的第一个房间开始，逐间分析应用需求和划分工作区，确认信息点数量。

在每个工作区，首先确定数据信息点数量，然后考虑语音信息点数量，同时还要考虑其他智能化和控制设备的需要。表格中对于不需要设置信息点的位置不能空白，而是填写0，如图3—2—5所示。

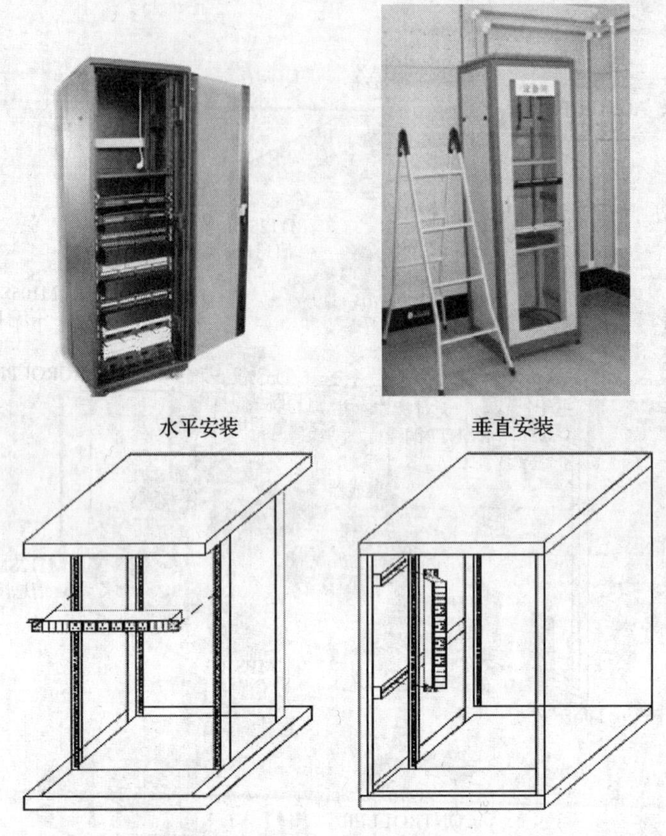

图3—2—4　机柜设备安装图

C8

西元网络综合布线工程教学模型点数统计表

房间号		x1		x2		x3		x4		x5		x6		x7		合计		
楼层号		TO	TP	TO	TP	TO	TP	TO	TP	TO	TP	TO	TP	TO	TP	TO	TP	总计
三层	TO																	
	TP																	
二层	TO																	
	TP																	
一层	TO																	
	TP																	
合计	TO																	
	TP																	
总计																		

编写：　审核：　审定：　西安开元电子实业有限公司　2010年12月12日

图3—2—5　信息点数量统计表

2. 编制信息点端口对应表

综合布线工程信息点端口对应表应该在进场施工前完成，并且打印后带到现场，以方便现场施工编号。端口对应表是综合布线施工必需的技术文件，主要规定房间编号、信息点编号、配线架编号、端口编号和机柜编号等，用于系统管理、施工方便和后续日常维护，如图 3—2—6、图 3—2—7 所示。

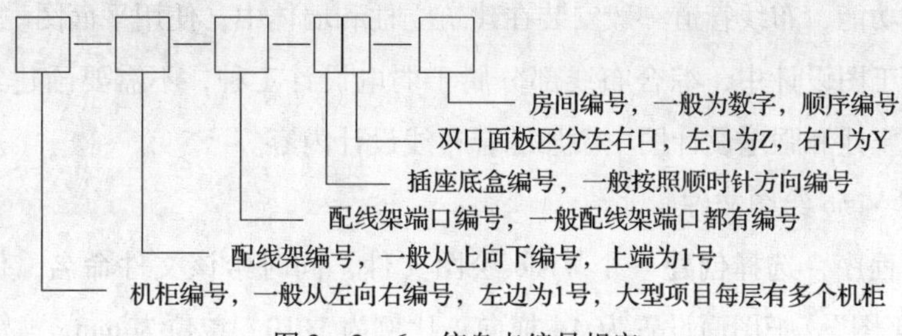

图 3—2—6　信息点编号规定

项目名称：教学楼综合布线　建筑物名称：一教学楼　楼层：一层　FD1 机柜　文件编号：XY03 - 2 - 1

序号	信息点编号	机柜编号	配线架编号	配线架端口编号	插座底盒编号	房间编号
1.						
2.						
3.						
4.						
5.						
6.						
7.						
8.						
9.						
10						
11.						
12.						
13.						
14.						
15.						
16.						
17.						
18.						
19.						
20.						
21.						
22.						
23.						
24.						

编制人签字：　　　　审核人签字：　　　　审定人签字：

编制单位：× ×实业有限公司　　　　时间：　年　月　日

图 3—2—7　综合布线教学模型端口对应表

3. 综合布线工程施工图设计

施工图设计就是规定布线路由在建筑物中安装的具体位置，因为布线路由取决于建筑物的结构和功能，布线管道一般安装在建筑立柱和墙体中，使用平面图。

在实际施工图设计中，综合布线部分属于弱电设计工种，不需要画建筑物结构图，只需要在前期土建和强电设计图中添加综合布线设计内容。

（1）创建 Visio 绘图文件

首先打开程序，选择创建一个 Visio 绘图文件，同时给该文件命名，例如命名为："××二层施工图"。把图面设置为 A4 横向，比例为 1∶10，单位为 mm。

（2）绘制建筑物平面图

按照××教学楼实际尺寸，绘制出建筑物二层平面图，如图 3—2—8 所示。

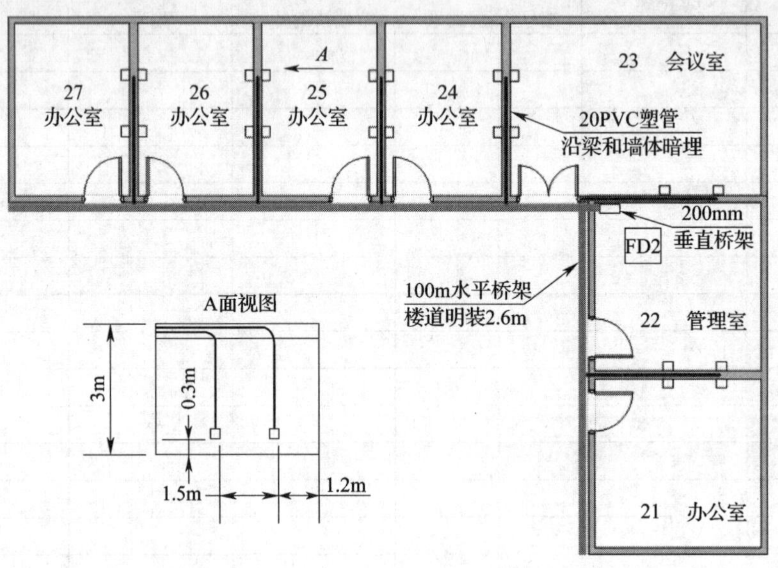

图 3—2—8 ××教学楼二层施工图（参考）

（3）设计信息点位置

根据图 3—2—8 点数统计表中每个房间的信息点数量，设计每个信息点的位置。例如，25 号房间有 4 个数据点和 4 个语音点。就在两个墙面分别安装 2 个双口信息插座，每个信息插座 1 个数据口、1 个语音口。如图 3—2—8 中 25 号办公室和 *A* 面视图所示，标出了信息点距离墙面的水平尺寸以及距离地面的高度。为了降低成本，墙体两边的插座背对背安装。

（4）设计管理间位置

楼层管理间的位置一般紧靠建筑物设备间，与垂直子系统桥架安排在同一房间，如图 3—2—8 所示，虽然无法看到一层建筑物的设备间，但其二层的垂直子系统桥架在 22

号房间，可知二层的管理间也在 22 号房间。

（5）设计水平子系统布线路由

二层采取楼道明装 100 mm 水平桥架，过梁和墙体暗埋 20PVC 塑料管到信息插座。墙体两边房间的插座共用 PVC 管，分别引到同一墙体的两个背对背的插座。

（6）设计垂直子系统路由

该建筑物的设备间位于一层的 12 号房间，使用 200 mm 桥架，沿墙垂直安装到二层 22 号房间和三层 32 号房间，并且与各层的管理间机柜连接。

（7）设计局部放大图

由于建筑体积很大，往往在图纸中无法绘制出局部细节位置和尺寸，这就需要在图纸中增加局部放大图。例如，在图 3—2—8 中，设计了 25 号房间 A 面视图，标注了具体水平尺寸和高度尺寸。

（8）添加文字说明

设计中的许多问题需要通过文字来说明，例如，在图 3—2—8 中，添加了"100 mm 水平桥架楼道明装 2. 6 m""20 PVC 塑管沿梁和墙体暗埋"，并且用箭头指向说明位置。

第 3 节　综合布线常用材料及施工工具

一、综合布线常用材料

目前，在实际网络建设中，计算机通信网络的干线（建筑群子系统、干线子系统）多采用光缆，配线子系统采用双绞线，同时以无线通信作补充。

1. 双绞线及其连接件

双绞线是网络综合布线施工中最常用的一种传输介质。它采用了一对互相绝缘的金属导线互相绞合的方式来抵御一部分外界电磁波干扰。把两根绝缘的铜导线按一定密度互相绞在一起，可以降低信号干扰的程度，每一根导线在传输中辐射的电波会被另一根线上发出的电波抵消，双绞线的名字也是由此而来。

双绞线作为一种价格低廉、性能优良的传输介质，在综合布线系统中被广泛应用于水平布线。双绞线价格低廉、连接可靠、维护简单，可用于数据传输，还可以用于语音和多媒体传输。按结构，它可分为屏蔽双绞线和非屏蔽双绞线，如图 3—3—1、图 3—3—2 所示。

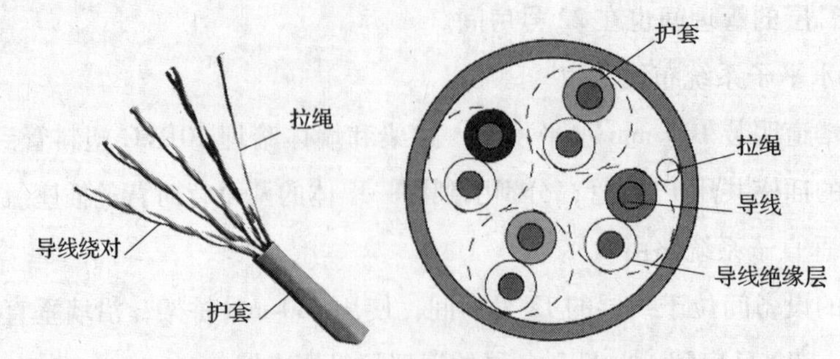

图 3—3—1 非屏蔽双绞线

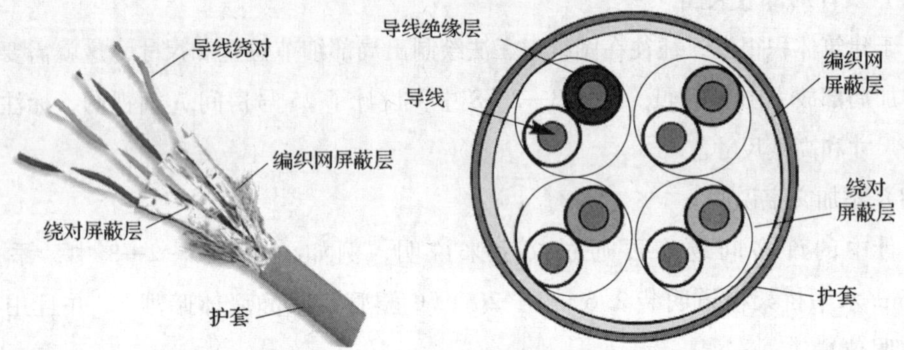

图 3—3—2 STP 屏蔽双绞线

按性能，双绞线可分为 1 类、2 类、3 类、4 类、5 类、超 5 类、6 类、7 类双绞线，综合布线主要使用 3 类、4 类、5 类双绞线。与普通 5 类相比，超 5 类以上电缆信号衰减小、串扰少，性能得到更大提高，是目前最常用的网络通用电缆。超 5 类、6 类与 7 类双绞线如图 3—3—3 所示。

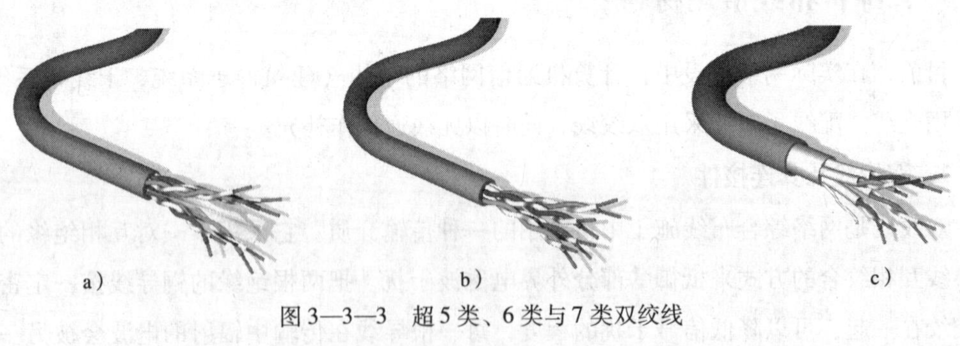

图 3—3—3 超 5 类、6 类与 7 类双绞线

a) 超 5 类 b) 6 类 c) 7 类

双绞线的主要连接器有配线架、信息插座等。信息插座采用信息模块和 RJ－45 连接头连接，RJ 连接头（俗称水晶头）分为四线位或六线位结构和八线位结构的 RJ－45 连接头。语音通信常用 RJ－11 连接头，数据通信常用 RJ－45 连接头，如图 3—3—4 所示。

图 3—3—4 水晶头和双绞线连线

信息插座的组成如图 3—3—5 所示。信息插座通过底盒和面板安装在墙面或地面上。常用面板分为单口和双口两种，外形尺寸符合国标 86 型、120 型。底盒分为明装与暗装两种。

图 3—3—5 信息插座的组成

配线架是电缆进行端接和连接的装置。楼层配线架（FD）是实现水平配线与垂直干线两个子系统交叉连接的枢纽，一般放置在管理间（电信间）的机柜中。建筑物配线架（BD）则安装在设备间，实现建筑物干线电缆与建筑群干线电缆的连接。根据数据与语音通信的区别，配线架 般分为数据配线架和 110 语音配线架两种，如图 3—3—6 所示。

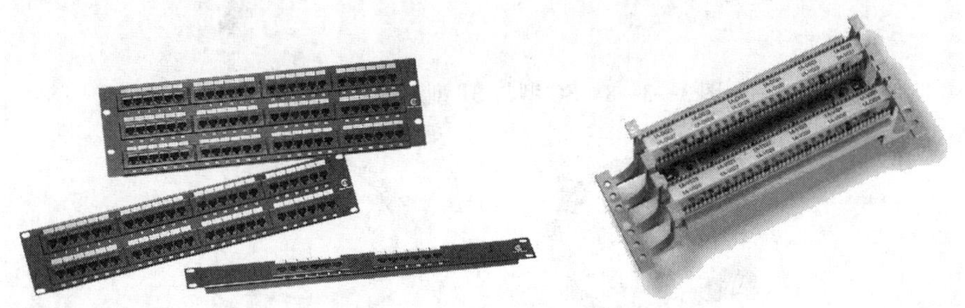

图 3—3—6 不同型号的配线架

2. 光缆及其连接件

光纤是光导纤维的简称，是一种传输光束的细而柔韧的介质。若干光纤置于特制的塑料绑带或铝皮内，再涂覆塑料或用钢带铠装，加上外护套就成为光缆。由于光缆在传输信息时使用光信号，而不是电信号，所以，光缆传输的信息不会受到电磁干扰的影响。此外，光缆功率损失少、传输衰减小、保密性强，并有极大的传输带宽，因此，被广泛应用于综合布线的建筑群主干布线子系统和建筑物主干布线子系统。室内、室外光缆及光缆内部结构如图 3—3—7 所示。

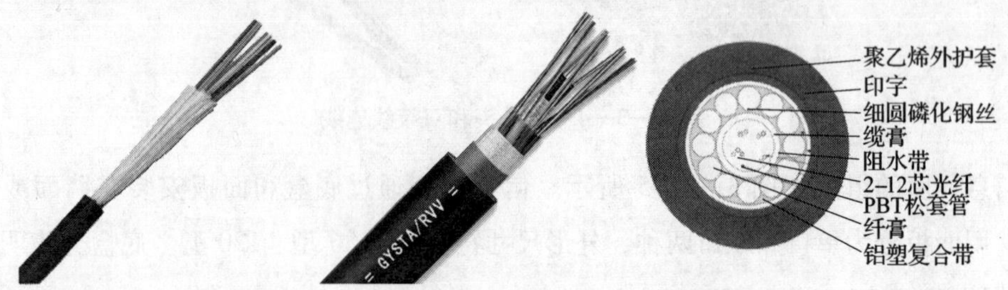

图 3—3—7 室内、室外光缆及光缆内部结构

光纤有单模与多模之分。单模光纤采用激光二极管 LD 作为光源，而多模光纤采用发光二极管 LED 作为光源。多模光纤的纤芯粗，直径为 15 ~ 50 μm。单模光纤的纤芯则相应较细，直径只有 4 ~ 10 μm。

光纤活动连接器，俗称活接头，一般称为光纤连接器，是用于连接两根光纤或光缆形成连续光通路的可以重复使用的无源器件，已经广泛应用在光纤传输线路、光纤配线架和光纤测试仪器、仪表中，是目前使用数量最多的光无源器件。SC 型与 ST 型常见光缆连接器如图 3—3—8 所示，光缆跳线如图 3—3—9 所示。

图 3—3—8 SC 型与 ST 型常见光缆连接器

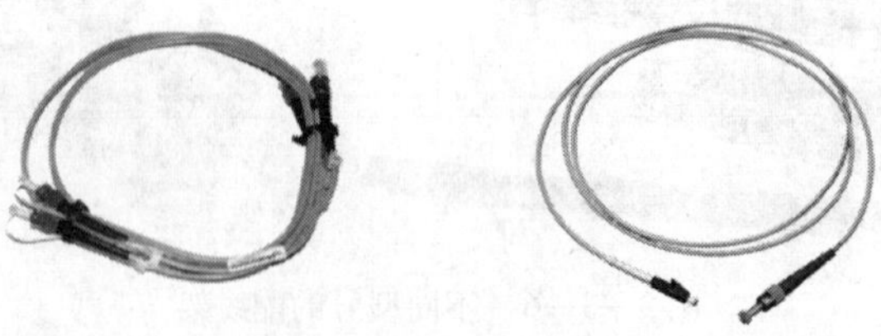

图 3—3—9 光缆跳线

3. 管槽及其附件

在布线系统中，通信线缆必须由管槽系统来支撑和保护，此外，管槽系统还具有屏蔽、接地和美观的作用。在综合布线系统中常用的线槽与线管有金属线槽、PVC 塑料线槽、金属管及 PVC 塑料管，如图 3—3—10 所示。

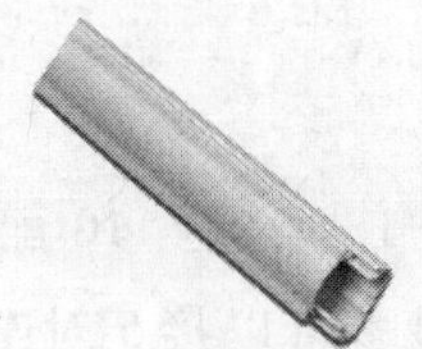
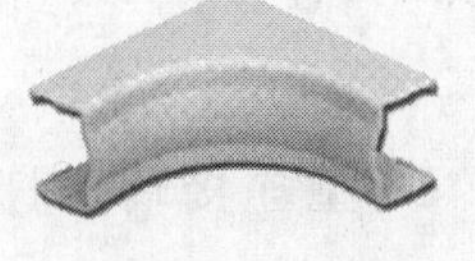

图 3—3—10　线槽与线管

4. 其他部件

其他部件如机柜、机架、理线环、扎带、标签纸等一起构成综合布线系统材料，如图 3—3—11、图 3—3—12、图 3—3—13 所示。

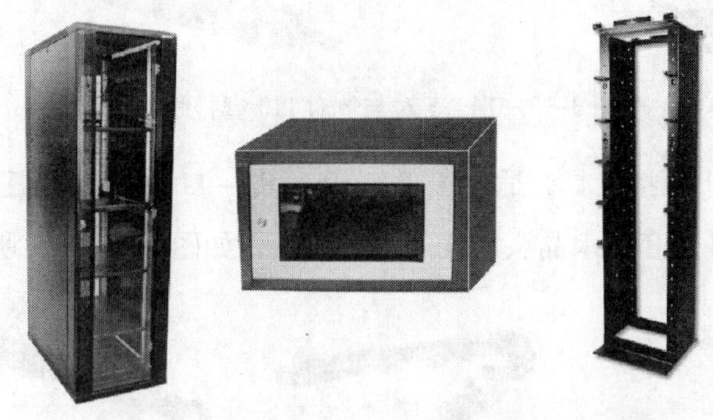

图 3—3—11　机柜与机架

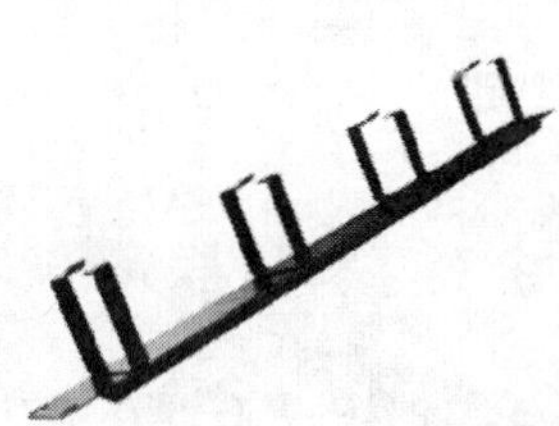

图 3—3—12　理线环

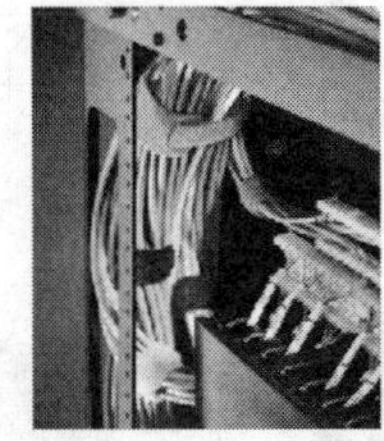
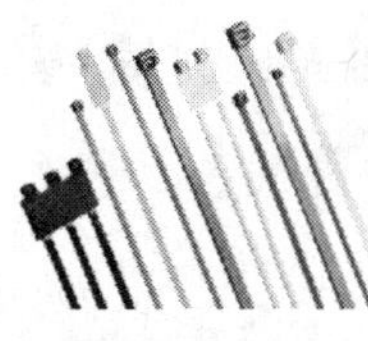

图 3—3—13　扎带与标签纸

二、综合布线施工工具

要完成综合布线工程，还须熟悉布线所常用的各种工具。实际布线工具中涉及的工具各种各样，根据工作场景的不同可分为端接工具、布线工具等。

1. 端接工具

110 型打线工具，是一种简便快捷的 110 型连接端子打线工具，是 110 配线（跳线）架与连接块相卡接的最佳手段。110 型打线工具一次最多可以接 5 对连接块，操作简单、省时省力，适用于线缆、跳接块、跳线架的连接作业，如图 3—3—14 所示。

图 3—3—14　5 对与单对 110 型打线工具

RJ－45、RJ－11 压接工具，适用于 RJ－45、RJ－11 水晶头的压接。一把钳子具有双绞线切割、剥离外护套、水晶头压接等多种功能，如图 3—3—15 所示。

图 3—3—15　RJ－45 与 RJ－11 双用与单用压线钳

剥线器，不仅外形小巧而且简单易用，如图 3—3—16 所示。操作只需要一个简单的步骤就可除去缆线的外护套，就是把线放在相应尺寸的孔内并旋转 3～5 圈即可除去缆线的外护套。

图 3—3—16　剥线器

光纤端接工具，包括开缆工具、光纤剥离钳、光纤切割工具、光纤熔接机和光纤工具箱等，如图 3—3—17 所示。

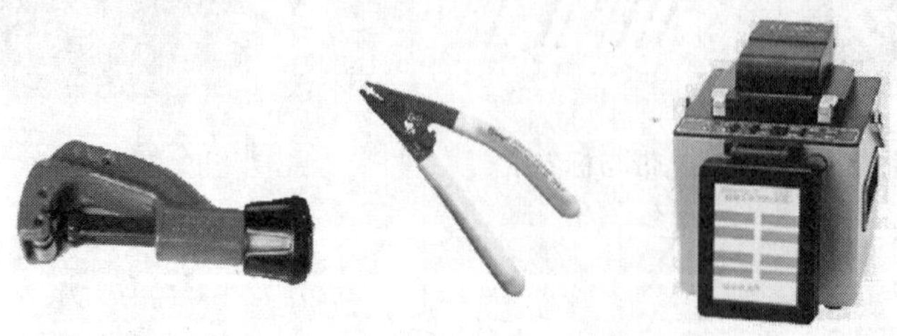

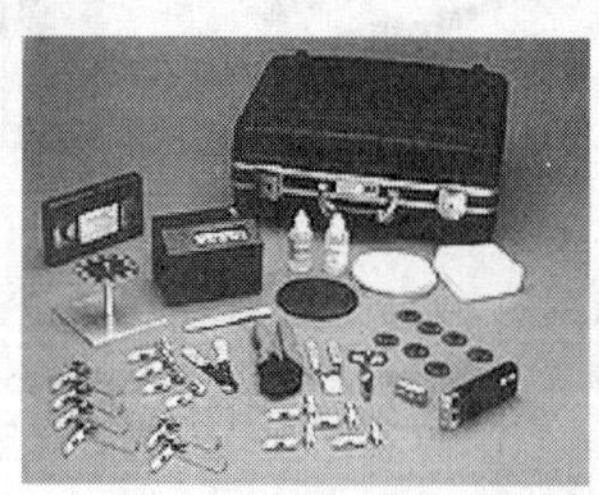

图 3—3—17　光纤端接工具

2. 布线工具

电工工具箱，是布线施工中必备的工具，它一般包括钢丝钳、尖嘴钳、斜口钳、剥线钳、一字螺钉旋具、十字螺钉旋具、测电笔、电工刀、电工胶带、活扳手、呆扳手、卷尺、铁锤、凿子、斜口凿、钢锉、钢锯、电工皮带和工作手套等。常用电工工具箱如图3—3—18所示。

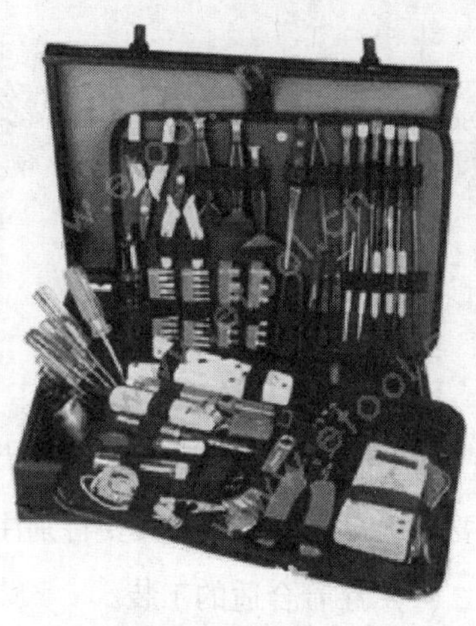

图3—3—18 常用电工工具箱

充电旋具，可单手操作，配合各式通用的六角工具头可以拆卸及锁入螺钉、钻洞等。

手电钻，由电动机、电源开关、电缆和钻头等组成。用钻头钥匙开启钻头锁，使钻头夹扩开或拧紧，使钻头松出或固牢。常见手电钻如图3—3—19所示。

线槽剪，是PVC线槽或平面塑胶条切断专用剪，剪出的端口整齐美观，宽度在65 mm以下的线槽都可以使用。线槽剪如图3—3—20所示。

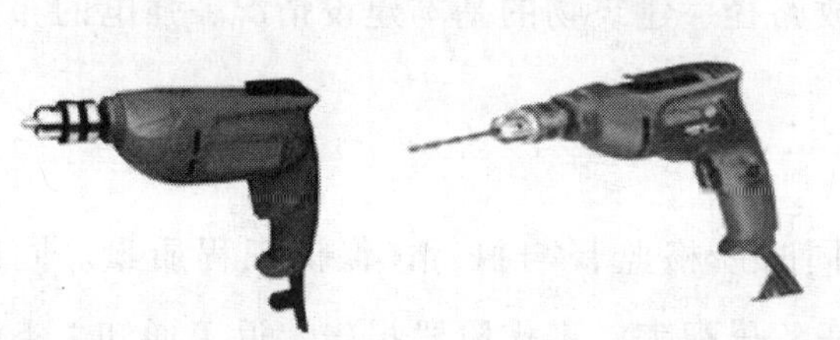

图3—3—19 手电钻

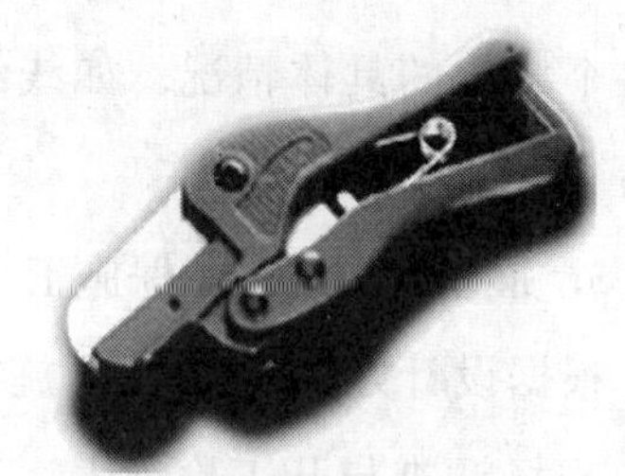

图3—3—20 线槽剪

弯管器，简单易作，常见于一些建筑工地上，自制自用，十分灵巧，一般用于ϕ25 mm以下管子的弯管，如图3—3—21所示。

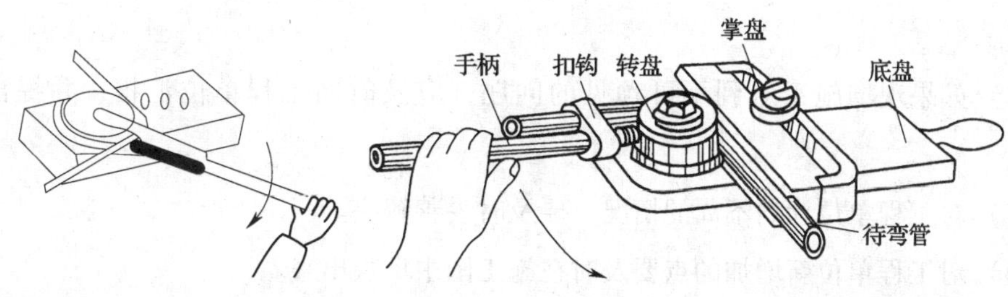

图3—3—21 弯管器

第4节 综合布线工程施工技术

一、施工准备

1. 安全施工教育

施工前一定要制定施工安全措施，做好安全措施检查并填写检查记录。在施工中千万要注意安全防护，尤其要特别注意以下几点：

（1）穿着合适的工装。

（2）工作场所不得吸烟。

（3）严防触电事故发生。

（4）确保在工作区域内的每个人的安全。

2. 熟悉施工环境

针对不同的网络施工，施工人员必须要对施工环境有一定的了解，了解施工的建筑物各个部位的具体情况，如线缆安放路径、建筑物的基本建设情况、强电的布放路由等。

3. 准备好图样，确保施工

根据设计好的图样进行施工，同时严格监督与执行，保证工程质量。同时准备：现场调查与开工检查表、工作任务分配表、工作阶段报告、返工通知、下一阶段施工单、现场存料、备忘录、测试报告、制作布线标记系统、验收并形成文档等资料。

4. 施工注意事项

（1）施工现场督导人员要认真负责，及时处理施工过程中出现的各种情况，协调处理意见。

（2）如果现场施工遇到不可预见的问题，应及时向工程单位汇报，并提出解决方法。

（3）对工程单位计划不周的情况，要及时妥善解决。

（4）对工程单位新增加的点要及时在施工图中反映出来。

（5）对部分场地或工段要及时进行阶段检查验收，确保工程质量。

（6）制作工程进度表，并留有余地。

二、工作区布线与安装

工作区被定义为自信息插座端延伸至用户终端之间的部分，它将用户终端和通信网络连接起来，如图3—4—1所示。

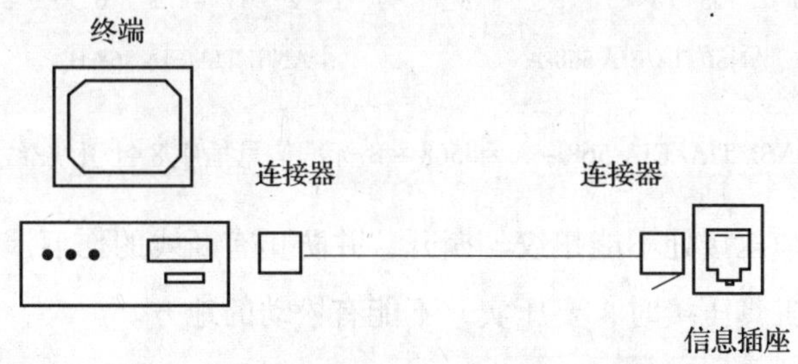

图3—4—1 信息插座与终端的连接

1. 信息插座的安装要求

(1) 信息插座安装前需确认所有装修工作已完成，核对信息点编号是否有误。

(2) 所有信息插座按标准进行卡接。

(3) 安装在地面上的信息插座应采用防水和抗压接线盒。

(4) 安装在墙面或柱子上的信息插座底盒、多用户信息插座盒及集合点配线箱体的底部距离地面的高度一般为30 cm。

(5) 每一个工作区至少应配置一个220 V交流电源插座。为便于有源终端设备的使用，信息插座附近最好设置扁圆两用的、三孔（或五孔）的、具有带接地端子的220 V交流电源插座。

(6) 工作区的电源插座应选用带保护接地的单相电源插座，保护接地线与零线应严格分开。

(7) 信息插座安装完毕后应立即依照平面图在面板上做好编号。

2. 信息模块的压接技术

将双绞线从布线底盒中取出，剪至合适长度，剥去绝缘层，解绞其中的对绞电缆，按图3—4—2所示的线序稍稍用力置入对应线槽内，利用压线工具一一打入完成压接，使得信息模块与对应插入的另端RJ-45水晶头8针引线线序一致。

如图3—4—2所示，其注意事项如下：

(1) 对绞电缆是成对相互扭绞在一处的，按一定距离扭绞的导线可提高抗干扰能力，减小信号的衰减。压接时一对一对拧开放入与信息模块相对应的端口上。

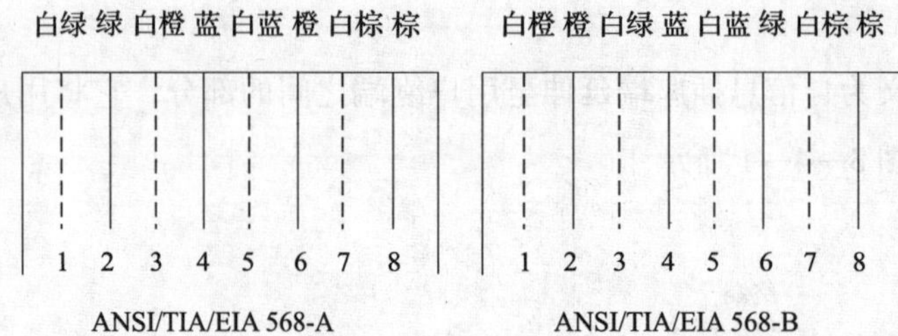

图 3—4—2 ANSI/TIA/EIA 568 - A 和 568 - B 标准信息插座 8 针引线/线对安排正视图

（2）在对绞电缆压接处不能扭绞、撕开，并防止有断线的伤痕。

（3）使用压线工具压接时，要压实，不能有松动的地方。

（4）对绞电缆解绞不能超过要求。

三、配线（水平）子系统的布线与安装

当研究和设计配线（水平）子系统时，需考虑与设施相关的一些问题，比如家具安装的类型、办公室的物理结构和整体建筑结构等。建筑物结构类型可以影响安装缆线时采用的组合方法，办公区域的类型可以决定信息插座的种类，配线电缆路由可以根据办公室的结构来决定，影响配线子系统布线路由的主要因素有建筑物的功能、电磁干扰、外观等。如果在所选路径中存在供电线路时，还要了解低压与高压电缆之间应保持的最小间距。

理解了布线过程中需掌握的结构和规定之后，便可以开始场地调查，确定经济的布线路由。一般应以水平电缆沿主要走廊和办公通道捆扎布线为原则设计布局，使电缆由楼层电信间延伸至整个工作区。还应考虑电缆接至信息插座的配线部分如何布线才美观。

1. 预埋管线布线

所谓预埋管线布线就是将金属管或阻燃高强度 PVC 管直接预埋在混凝土楼板或墙体中，并由电信间向各信息插座辐射，如图 3—4—3 所示。

2. 地面金属线槽方式布线

所谓地面金属线槽方式布线就是将长方形的线槽安装在现浇楼板或地面垫层中，每隔 4 ~ 8 m 拉一个过线盒或出线盒（在支路上出线盒起分线盒的作用），直到信息点出口的出线盒。这种方式就是将电信间出来的缆线沿地面金属线槽布放到地面出线盒，或由分线盒引出支管到墙上的信息插座，如图 3—4—4 所示。

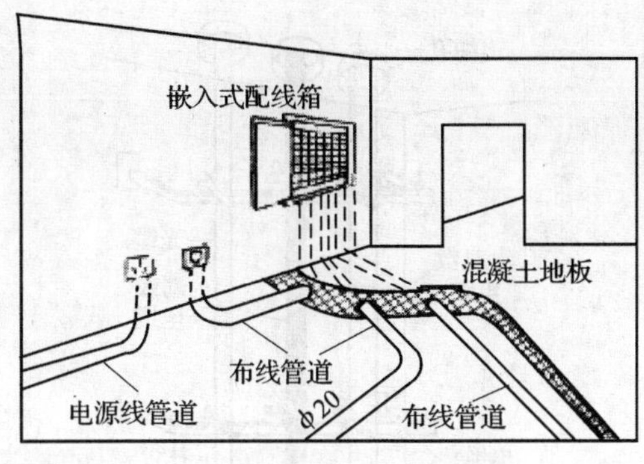

图3—4—3 预埋管线布线法

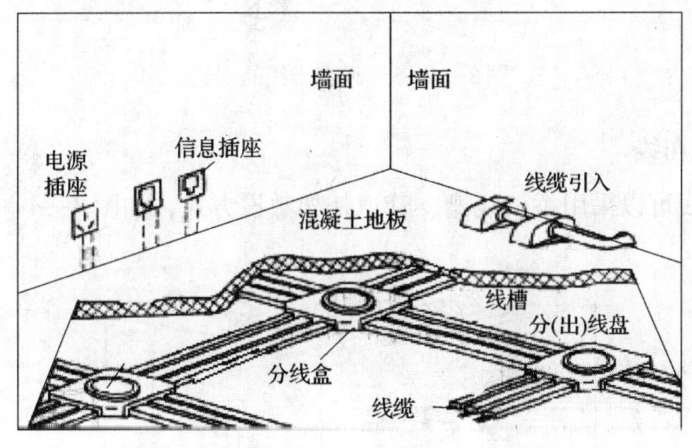

图3—4—4 地面金属线槽方式布线

四、干线子系统的布线与安装

ANSI/TIA/EIA 568－B 标准建议，干线子系统的布线系统采用分层星型拓扑结构，并用图标出可选用安装的、能提供高保密性和可靠性的管理间到管理间缆线敷设线路。通常情况下，这种星型方式安装可通过配线架配置完成。确定实施的拓扑结构将决定路由设计的逻辑方法。一旦了解了路由设计目标，便可开始收集信息，为用户提供可能的路由来选择每种方法的性价比。

当调查干线子系统的最佳路由时，需研究并考虑设施和建筑群的各个方面。布线走向应选择干线电缆最短、性价比高，以及确保人员安全的路由。

1. 垂直干线布线安装

垂直干线是在从建筑物底层直到顶层垂直（或称上升）电气竖井内敷设的通信线路。建筑物垂直干线布线可用电缆孔和电缆竖井两种方法，如图3—4—5所示。

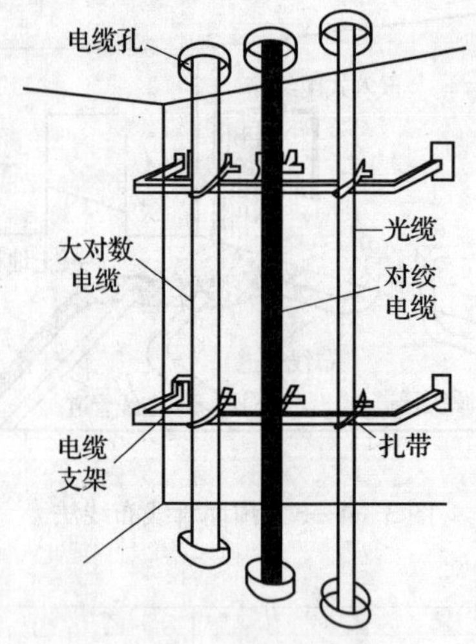

图 3—4—5 垂直干线的安装

2. 水平干线布线

水平干线布线可以采用桥架线槽、管道托架敷设方式，如图 3—4—6 所示。

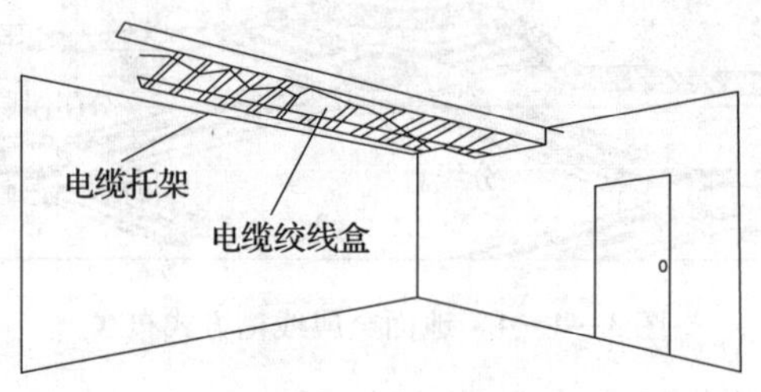

图 3—4—6 水平干线的布线

3. 干线电缆的终接

（1）缆线在终接前，必须核对缆线标识内容是否正确。

（2）缆线中间不应有接头，缆线终接处必须牢固、接触良好。

（3）对绞电缆与连接器件连接应认准线号、线位色标，不得颠倒和错接。

（4）网络线一定要与电源线分开敷设，可以与电话线及电视天线放在一个线管中。

（5）网络设备需分级连接，主干线是多路复用的，不可能直接连接到用户端设备，所以不必安装太多的缆线。

五、设备间的配置与安装

设备间是大楼中数据、语音主干缆线终接的场所，也是来自建筑群的缆线进入建筑物终接的场所，更是各种数据、语音主机设备及保护设施的安装场所。

设备间内的布线可以采用地板或墙面内沟槽敷设、预埋管槽敷设、机架布线架敷设和活动地板下敷设等方式。图 3—4—7 所示就是一种机架布线敷设示例。

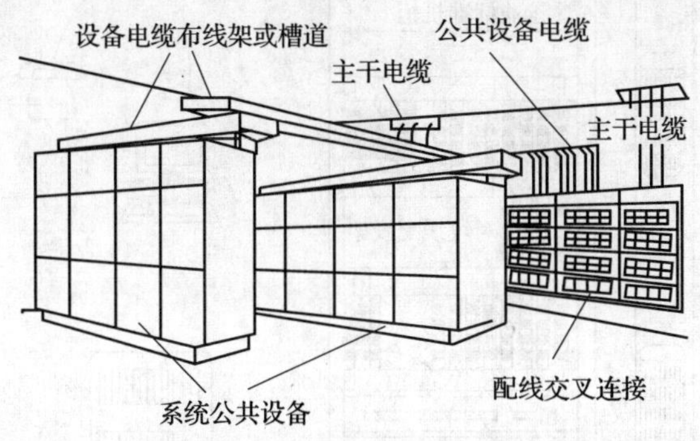

图 3—4—7 设备间内的机架布线敷设

1. 配线架的安装

安装配线架及终接时，应注意以下几点：

(1) 配线架挂墙安装时，下端应高于 30 cm，上端应低于 2 m；而且应保证垂直，垂直偏差度不得大于 3 mm。

(2) 配线间配线架采用壁挂式机柜安装时，机柜垂直倾斜误差不应大于 3 mm，底座水平误差每平方米不应大于 2 mm。

(3) 系统终接前应确认电缆和光缆敷设已经完成，电信间土建及装修工程竣工完成，具有洁净的环境和良好的照明条件，配线架已安装好，电缆编号核对无误。

(4) 剥除电缆护套时应采用专用电缆开线器，不得刮伤绝缘层；电缆中间不得产生断接现象。

(5) 终接前需准备好配线架终接表，电缆终接依照终接表进行。

2. 机柜的安装

标准机柜连接分布如图 3—4—8 所示。

机柜的安装过程中应当注意以下几个具体细节：

(1) 机柜安装时通常应当有 3 个人以上在现场。注意，螺丝紧固时，不要用力过大，以免损坏设备螺口。

(2) 机柜安装位置应符合设计要求，机架或机柜前面的净空不应小于 80 cm，后面的净空不应小于 60 cm。壁挂式配线设备底部离地面的高度不宜小于 30 cm。

(3) 底座安装应牢固，应按设计图纸防震要求进行施工。机柜应垂直放置，柜面水平。

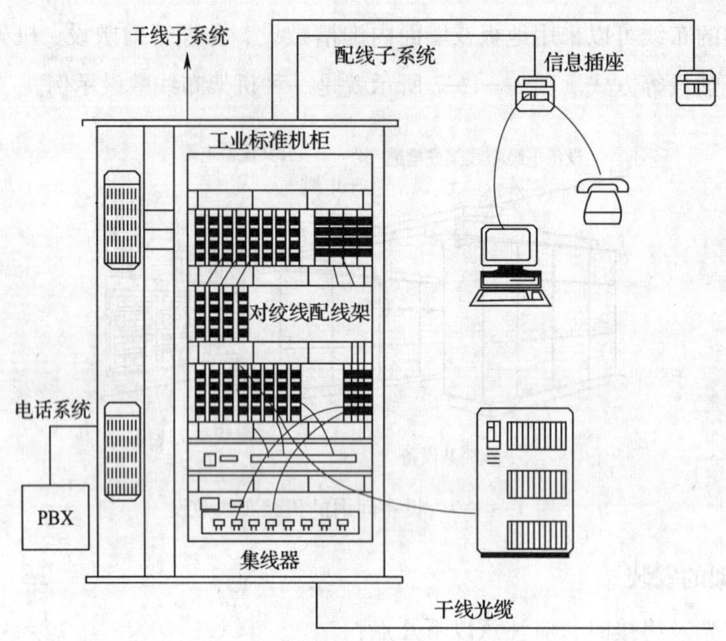

图 3—4—8　标准机柜连接分布

（4）机柜表面应完整、无损伤、螺丝紧固，每平方米表面凹凸度应小于 1 mm。柜内接插件和设备接触可靠，接线应符合设计要求。接线端子的各种标志应齐全，且保持良好。

（5）机柜内的配线设备、接地体、保护接地、导线截面、导线颜色应符合设计要求。所有机柜应设接地端子，并良好地接入建筑物接地端。

（6）电缆通常从下端进入（有些设备间也从上部进入），并注意穿入后的捆扎，宜将标签进行保护性包扎。电缆宜从机柜两边接入设备，当电缆较多时应借助于理线架、理线槽等理清电缆并将标签整理朝外，根据电缆功能分类后进行轻度捆扎。

六、综合布线系统的管理与标识

图 3—4—9 所示为一个主电信间管理系统。楼层电信间在楼层范围进行配线管理，配线子系统和干线子系统的缆线在这里的配线架（柜）上进行绞接。

1. 管理系统的缆线终接

为了适应对用户移动、增加、变化的管理要求，电信间、设备间中的设备均应采用一定的方式进行连接。常用的连接方式有直接连接、交叉连接、重复连接以及混合使用等几种方式（与电话电缆的配线方式类似）。图 3—4—10 所示为直接连接和交叉连接的示意图。

图 3—4—9 一个主电信间管理系统

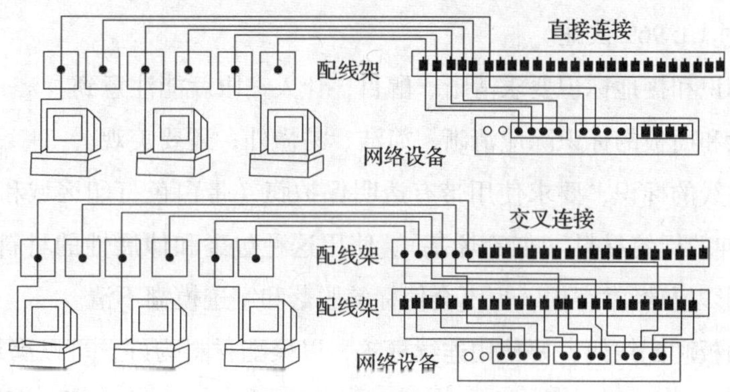

图 3—4—10 直接连接和交叉连接示意图

管理系统缆线终接的注意事项如下：

（1）当配线和干线进入管理区之后，要在各种配线架（柜）和相应的管理设备上进行终接；配线架（柜）之间通常采用跳接线进行管理。因此选择合适的配线管理设备，并将其进行良好的连接非常重要。

（2）在管理系统中，需充分考虑缆线的预留，这不仅可以保证有足够的缆线长度用于连接到配线架，还可逐步消除在网络布线施工中形成的缆线拉力。否则，可能会影响到通信网络系统的可靠性。

（3）在布线安装时，不能将所有的缆线紧紧地捆绑成一束，因为这不利于消除缆线的残余应力，还可能增大缆线之间的相互干扰。而应将各种类型的通信缆线分开，选择各自最合适的位置，分别使用线套或绑扎绳将缆线绑扎成很多小束；然后，经过线槽之类的设备，将缆线束盘绕起来，保留一定的余量；最后，再安装连接到各自的配线设备上去。

2. 布线系统的标识

（1）标签的选用

标签的选用应符合以下要求：

1）选用粘贴型标签时，缆线应采用环套型标签，标签在缆线上至少应缠绕一圈或一圈半。配线设备和其他设施应采用扁平型标签。

2）标签衬底应耐用，可适应各种恶劣环境；不可将民用标签应用于综合布线工程；插入型标签应设置在明显位置，且固定牢固。

（2）布线系统的标识

综合布线系统中各部分的标识应相互联系，互为补充。

1）对于缆线，应在两端都予以标识，严格地说，每隔一段距离就要进行标识，而且要在维修口、接续处、牵引盒处的电缆位置进行标识。从材料和应用的角度讲，缆线的标签还要通过 UL 969 认证。

2）空间标识和接地标识要求清晰、醒目，让人一眼就能注意到。

3）配线架和面板的标识除应清晰、简洁、易懂外，还要美观。

4）对于跳线的标识，要求使用带有透明保护膜（带白色打印区域和透明尾部）的耐磨损、抗拉伸的标签材料（如乙烯基）。使用这种包裹和伸展性的材料作标签，即使缆线弯曲、变形以及经常磨损，也不会使标签脱落和字迹模糊不清。

5）对于面板和配线架，要使用连续标签，以聚酯材料为好，可以满足外露的要求。由于各厂家的配线架规格不同，有 6 口和 4 口之分，标识宽度也不同，所以选择标签时，宽度和高度也要多加注意。

第 5 节　综合布线工程测试与验收

一、双绞线链路测试

1. 测试设备

在综合布线工程中，用于测试双绞线链路的设备通常有通断测试与分析测试两类。前者主要用于链路的简单通断性判定，如图 3—5—1 所示的“能手”测试仪。后者用于链路性能参数的确定，如图 3—5—2 所示的 FLUKE DTX 系列产品。

（1）测试软件

LinkWare 软件可完成测试结果的管理，显示各种格式的测试报告，例如图形和纯文

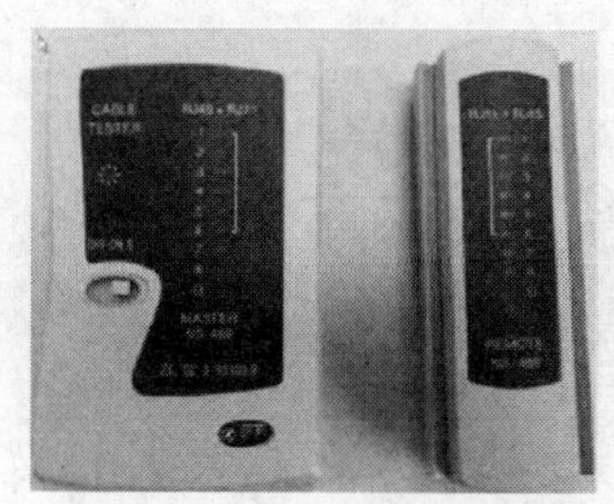

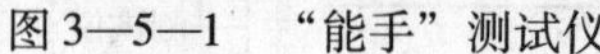
图3—5—1 “能手”测试仪

图3—5—2 FLUKE DTX 系列产品

本等。同时，LinkWare 具有强大的统计功能，可以对单个信息点进行单项参数数据的统计。

（2）测试仪器精度

测试结果中出现“＊”，表示该结果处于测试仪器的精度范围内，测试仪无法准确判断。测试仪器的精度范围也被称为灰区。高精度的永久链路适配器和匹配性能好的插头可直接提升测试仪器的精度。

2. 模型测试

（1）基本链路模型

基本链路包括三部分：最长为90 m的水平布线电缆、两端接插件和两条2 m测试设备跳线。基本链路连接模型应符合图3—5—3所示的方式。

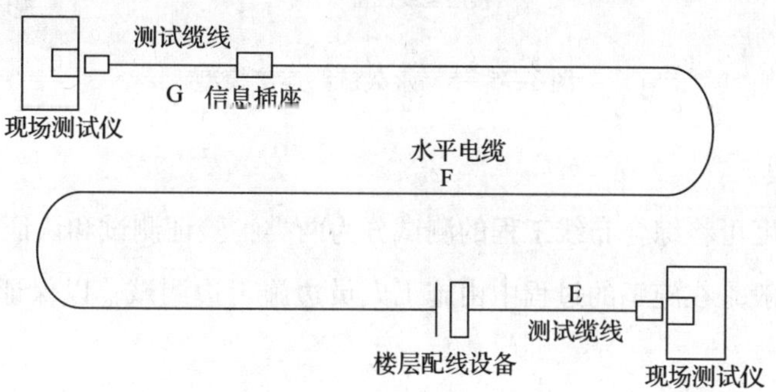

图3—5—3 基本链路连接模型

（2）信道模型

信道指从网络设备跳线到工作区跳线间端到端的连接，它包括了最长为90 m的水平布线电缆、两端接插件、一个工作区转接连接器、两端连接跳线和用户终端连接线，信道最长为100 m，如图3—5—4所示。

（3）永久链路模型

永久链路又称固定链路，它由最长为90 m的水平电缆、两端接插件和转接连接器组成，如图3—5—5所示。图中，H为从信息插座至楼层配线设备（包括集合点）的水平电缆的长度，$H \leqslant 90$ m。

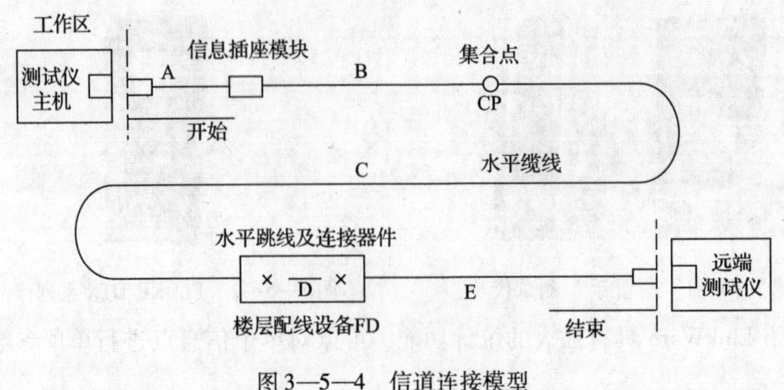

图 3—5—4　信道连接模型

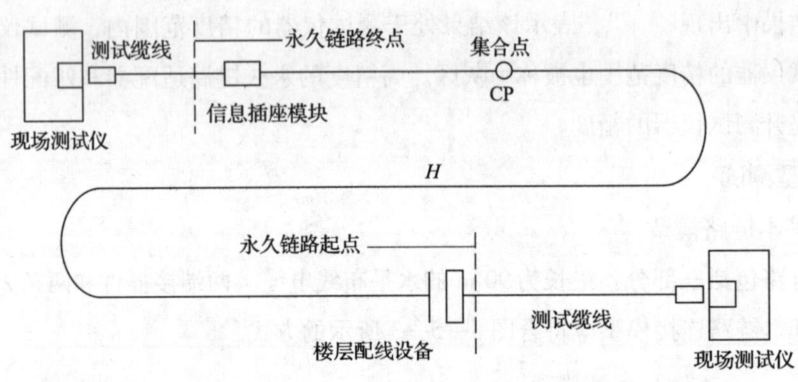

图 3—5—5　永久链路连接模型

3. 测试类型

从工程的角度可将综合布线工程的测试分为两类：验证测试和认证测试。

验证测试一般是在施工的过程中由施工人员边施工边测试，以保证所完成的每一个连接的正确性。

认证测试是指对布线系统依照标准进行逐项检测，以确定布线是否达到设计要求，包括连接性能测试和电气性能测试。认证测试通常分为自我认证和第三方认证两种类型。

4. 测试标准

布线的测试首先是与布线的标准紧密相关的。布线的现场测试是布线测试的依据，它与布线的其他标准息息相关，更详细的资料可以直接参考标准原件。

5. 测试技术参数

（1）连接图

接线图的测试，主要测试水平电缆终接在工作区或电信间配线设备的 8 位模块式通用插座的安装连接是否正确。正确的线对组合为 1/2、3/6、4/5、7/8，分为非屏蔽和屏蔽两类。对布线过程中出现错误的连接图测试情况分析如下：

1）开路。双绞线中有个别芯线没有正确连接，图3—5—6a显示第8芯线断开，且中断位置分别距离测试的双绞线两端22.3 m和10.5 m。

2）反接/交叉。双绞线中有个别芯线对交叉连接，图3—5—6b显示1、2芯线交叉。

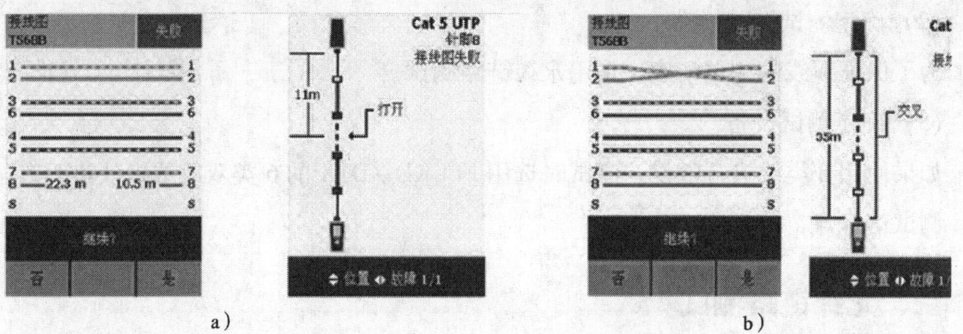

a）　　　　b）

图3—5—6　布线过程中出现错误的连接图

3）短路。双绞线中有个别芯线对铜芯直接接触。

4）跨接/错对。双绞线中有个别芯线对线序错接。

（2）长度

长度为被测双绞线实际长度。长度测量的准确性主要受几个方面的影响：缆线的额定传输速度（NVP）、双绞线长度与外皮护套的长度，以及沿长度方向的脉冲散射。

（3）传输时延

传输时延是指被测双绞线的信号在发送端发出后到达接收端所需要的时间，最大值为555 ns。

（4）插入损耗

衰减或者插入损耗为链路中传输所造成的信号损耗（以dB标示）。

（5）串扰

串扰是测量来自其他线对泄露过来的信号。

（6）综合近端串扰

综合近端串扰（PS NEXT）是一对线感应到所有其他绕对对其近端串扰的总和。

（7）回波损耗

回波损耗是由于缆线阻抗不连续/不匹配所造成的反射，产生原因是特性阻抗之间的偏离，体现在缆线生产过程中发生的变化、连接器件和缆线的安装过程。

（8）衰减串扰比

衰减串扰比（ACR）类似于信号噪声比，用来表征经过衰减的信号和噪声的比值，

ACR = NEXT 值 - 衰减，其数值越大越好。

6. 项目测试

(1) 确定测试标准

如为国内工程，普遍使用的是 ANSI/TIA/EIA/568 - B 标准测试。

(2) 确定测试链路标准

为了保证缆线的测试精度，采用永久链路测试。

(3) 确定测试设备

如果使用 6 类线进行敷设，测试时选用 FLUKE - DTX 的 6 类双绞线模块进行。

测试信息点，分析测试数据。

二、光纤链路测试

1. 设备测试

综合布线工程中，用于光缆的测试设备也有多种，其中，FLUKE 系列测试仪上就可以通过增加光纤模块实现。这里主要介绍 OptiFiber 多功能光缆测试仪。

(1) 功能

可以实现专业测试光纤链路的链路 OTDR 状态。

(2) 界面介绍

OptiFiber 多功能光缆测试仪界面如图 3—5—7 所示。

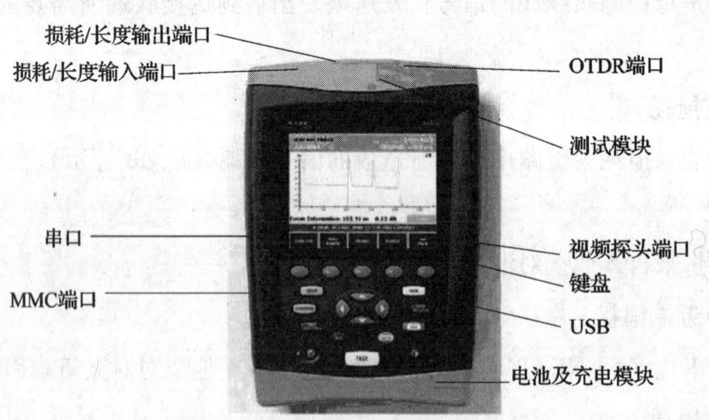

图 3—5—7 多功能光缆测试仪界面

(3) 光缆端截面检查器

光缆端截面检查器（见图 3—5—8）可直接检查配线架或设备光口的端截面，比传统的放大镜快 10 倍，同时也可避免眼睛直视激光所造成的眼睛伤害。

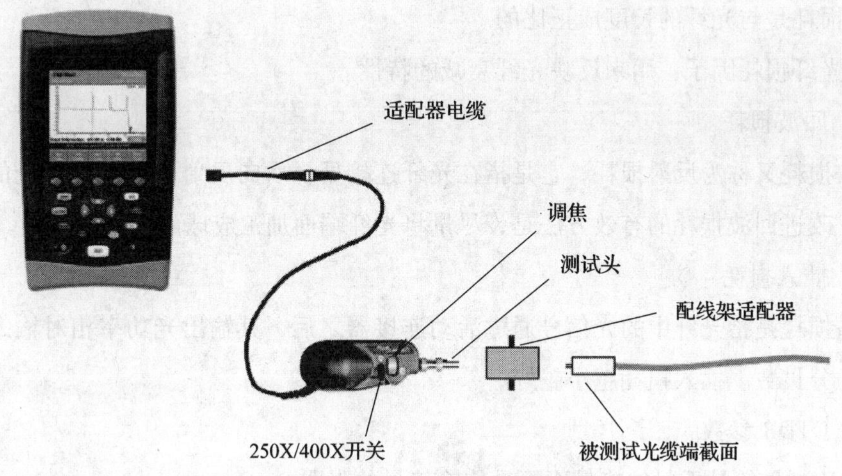

图3—5—8　光缆端截面检查器

2. 光纤测试标准

（1）通用标准

一般为基于电缆长度、适配器以及接合的可变标准。

（2）LAN 应用标准

（3）特定应用标准

每种应用的测试标准是固定的，例如10BASE - FL、Token Ring、ATM。

1）TIA/EIA 568 - B.3 标准

该标准主要定义了光缆、连接器和链路长度的标准。

①光缆每公里最大衰减（850 nm）3.75 dB。

②光缆每公里最大衰减（1 300 nm）1.5 dB。

③光缆每公里最大衰减（1 310 nm、1 550 nm）1.0 dB。

连接器（双工 SC 或 ST）中，适配器最大衰减0.75 dB，熔接最大衰减0.3 dB。

2）TIA/TSB 140 标准

该标准2004年2月被批准，主要对光缆定义了两个级别的测试。

①级别1：测试长度与衰减，使用光损耗测试仪或 VFL 验证极性。

②级别2：级别1加上 OTDR 曲线，证明光缆的安装没有造成性能下降的问题。

3. 测试技术参数

（1）衰减

1）衰减是指光沿光纤传输过程中光功率的减少。

2）对光纤网络总衰减的计算：光纤损耗（Loss）是指光纤输出端的功率（Power Out）与发射到光纤时的功率（Power In）的比值。

3）损耗是与光纤的长度成正比的。

4）光纤损耗因子：用来反映光纤衰减的特性。

（2）回波损耗

回波损耗又称为反射损耗，它是指在光纤连接处，后向反射光相对输入光的比率的分贝数。改进回波损耗的有效方法是，尽量将光纤端面加工成球面或斜球面。

（3）插入损耗

插入损耗是指光纤中的光信号通过活动连接器之后，其输出光功率相对输入光功率的比率的分贝数。插入损耗越小越好。

（4）OTDR 参数

OTDR 测量的是反射的能量而不是传输信号的强弱。

4. 项目测试

（1）确定测试标准

如为国内工程，普遍使用的是 TIA/TSB 140 标准进行测试。

（2）确定测试设备

选择 FLUKE - DTX - FTM 的光纤模块进行测试。

测试信息点，分析测试数据，通过专用线将结果导入到计算机中，通过 LinkWare 软件即可查看相关结果。

三、系统验收

1. 工程验收人员组成

验收是整个工程中最后的部分，同时标志着工程的全面完工。为了保证整个工程的质量，需要聘请相关行业的专家参与验收。综合布线系统工程验收领导小组可以考虑聘请以下人员参与工程的验收。

（1）工程双方单位的行政负责人。

（2）有关直接管理人员和项目主管。

（3）主要工程项目监理人员。

（4）建筑物设计施工单位的相关技术人员。

（5）第三方验收机构或相关技术人员组成的专家组。

2. 工程验收分类

（1）开工前检查

工程验收应从工程开工之日起就开始。从工程材料的验收开始，严把产品质量关，保证工程质量。开工前的检查包括设备材料检验和环境检查。

（2）随工验收

在工程中随时考核施工单位的施工水平和施工质量，对产品的整体技术指标和质量有一个了解，部分验收工作应随工进行。

（3）初步验收

对所有的新建、扩建和改建项目，都应在完成施工调试和测试之后进行初步验收。

（4）竣工验收

综合布线系统接入电话交换系统、计算机局域网或其他弱电系统，在试运行后的半个月内，由建设方向上级主管部门报送竣工报告，并请示主管部门组织对工程进行验收。

3. 验收内容

对综合布线系统工程验收的主要内容包括：环境检查、器材及测试仪表工具检查、管理系统验收、工程验收等。

（1）环境检查

工作区、电信间、设备间的检查内容如下：

1）工作区、电信间、设备间土建工程已全部竣工。房屋地面平整、光洁，门的高度和宽度应符合设计要求。

2）房屋预埋线槽、暗管、孔洞和竖井的位置、数量、尺寸均应符合设计要求。

3）对于铺设活动地板的场所，活动地板防静电措施及接地应符合设计要求。

4）应提供220 V带保护接地的单相电源插座。

5）应提供可靠的接地装置，接地电阻值及接地装置的设置应符合设计要求。

6）电信间、设备间的位置、面积、高度、通风、防火、湿度等应符合设计要求。

建筑物进线间及入口设施的检查内容如下：

1）引入管道与其他设施，如电气、水、煤气、下水道等的位置间距应符合设计要求。

2）引入缆线采用的敷设方法应符合设计要求。

3）管线入口部位的处理应符合设计要求，并应检查是否采取排水及防止气、水、虫等进入的措施。

4）进线间位置、面积、高度、照明、电源、接地、防火和防水等应符合设计要求。

（2）器材及测试仪表工具检查

1）工程所用缆线和器材的品牌、型号、规格、数量和质量应在施工前进行检查，应符合设计要求，并具备相应的质量文件或证书。

2）综合布线系统的测试仪表应能测试相应类别工程的各种电气性能及传输特性，其精度符合相应要求。

（3）管理系统验收

1）管理系统的记录文档应详细、完整并汉化。

2）标识符应包括安装场地、缆线终端位置、缆线管道、水平链路、主干缆线、连接器件以及接地等类型的专用标识，系统中每一组件应指定一个唯一标识符。

3）每根缆线应指定专用标识符，标在缆线的护套上或在距每一端护套 300 mm 内设置标签，缆线的终接点应设置标签标记指定的专用标识符。

（4）工程验收

1）竣工技术文件。工程竣工后，施工单位应在工程验收以前将工程竣工技术资料交给建设单位。综合布线系统工程的竣工技术资料应包括以下内容：安装工程量；工程说明；设备、器材明细表；竣工图纸；测试记录；工程变更、检查记录及施工过程中需更改的设计或采取的相关措施，建设、设计、施工等单位之间的洽商记录；随工验收记录等。

2）工程内容。综合布线系统工程应按表 3—5—1、表 3—5—2、表 3—5—3 所列项目、内容进行检验。检验结论作为工程竣工资料的组成部分及工程验收的依据之一。

表 3—5—1　　检验项目及内容 1

阶段	验收项目	验收内容	验收方式
施工前检查	1. 环境要求	①土建施工情况：地面、墙面、门、电源插座及接地装置；②土建工艺：机房面积、预留孔洞；③施工电源；④地板铺设；⑤建筑物入口设施检查	施工前检查
	2. 器材检验	①外观检查；②型式、规格、数量；③电缆及连接器件电气性能测试；④光纤及连接器件特性测试；⑤测试仪表和工具的检验	
	3. 安全、防火要求	①消防器材；②危险物的堆放；③预留孔洞防火措施	
设备安装	1. 电信间、设备间、设备机柜、机架	①规格、外观；②安装垂直度、水平度；③油漆不得脱落、标志完整齐全；④各种螺钉必须紧固；⑤抗震加固措施；⑥接地措施	随工检验
	2. 配线模块及 8 位模块式通用插座	①规格、位置、质量；②各种螺钉必须拧紧；③标志齐全；④安装符合工艺要求；⑤屏蔽层可靠连接	
电缆、光缆布放（楼内）	1. 电缆桥架及线槽布放	①安装位置正确；②安装符合工艺要求；③符合布放缆线工艺要求；④接地	随工检验
	2. 缆线暗敷（包括暗管、线槽、地板下等方式）	①缆线规格、路由、位置；②符合布放缆线工艺要求；③接地	隐蔽工程签证

表3—5—2 检验项目及内容2

阶段	验收项目	验收内容	验收方式
电缆、光缆布放（楼间）	1. 架空缆线	①吊线规格、架设位置、装设规格；②吊线垂度；③缆线规格；④卡、挂间隔；⑤缆线的引入符合工艺要求	随工检验
	2. 管道缆线	①使用管孔孔位；②缆线规格；③缆线走向；④缆线的防护设施的设置质量	隐蔽工程签证
	3. 埋式缆线	①缆线规格；②敷设位置、深度；③缆线防护设施的设置质量；④回土夯实质量	
	4. 通道缆线	①缆线规格；②安装位置，路由；③土建符合工艺要求	
	5. 其他	①通信线路与其他设施的间距；②进线室设施安装、施工质量	随工检验 隐蔽工程签证
缆线终接	1. 8位模块式通用插座	符合工艺要求	随工检验
	2. 光纤连接器件	符合工艺要求	
	3. 各类跳线	符合工艺要求	
	4. 配线模块	符合工艺要求	

表3—5—3 检验项目及内容3

阶段	验收项目	验收内容	验收方式
系统测试	1. 工程电气性能测试	①连接图；②长度；③衰减；④近端串音；⑤近端串音功率和；⑥衰减串音比；⑦衰减串音比功率和；⑧等电平远端串音；⑨等电平远端串音功率和；⑩回波损耗；⑪传播时延；⑫传播时延偏差；⑬插入损耗；⑭直流环路电阻；⑮设计中特殊规定的测试内容；⑯屏蔽层的导通	竣工检验
	2. 光纤特性测试	①衰减；②长度	
管理系统	1. 管理系统级别	符合设计要求	竣工检验
	2. 标识符与标签设置	①专用标识符类型及组成；②标签设置；③标签材质及色标	
	3. 记录和报告	①记录信息；②报告；③工程图样	
工程总验收	1. 竣工技术文件	清点、交接技术文件	
	2. 工程验收评价	考核工程质量，确认验收结果	

思考与练习

1. 综合布线系统采用模块化结构，按照每个模块的作用，可以把综合布线系统划分为哪 6 个子系统？

2. 简述综合布线的概念、特征。

3. 将下面线缆及连接器件图片与右方文字作一一对应。

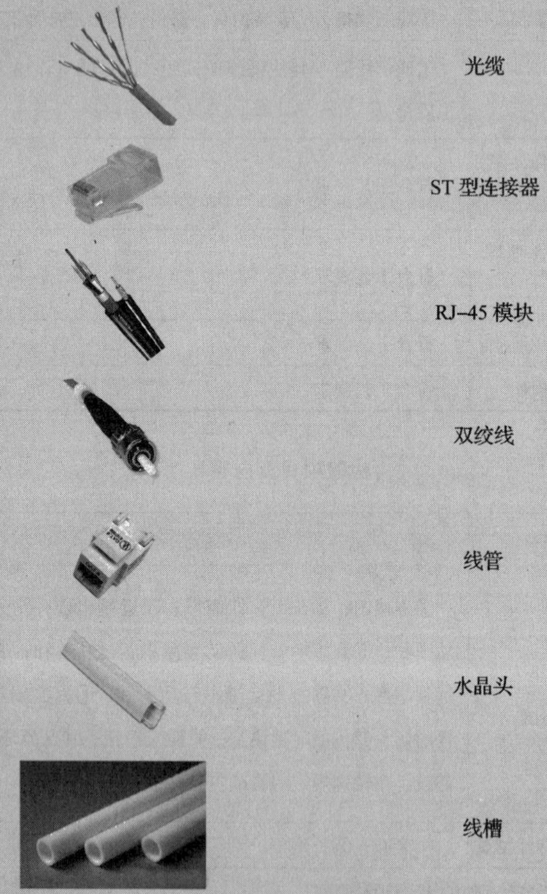

4. 将下列工具根据工作场景和适用材料的不同进行分类，将图号填入相应的空上。

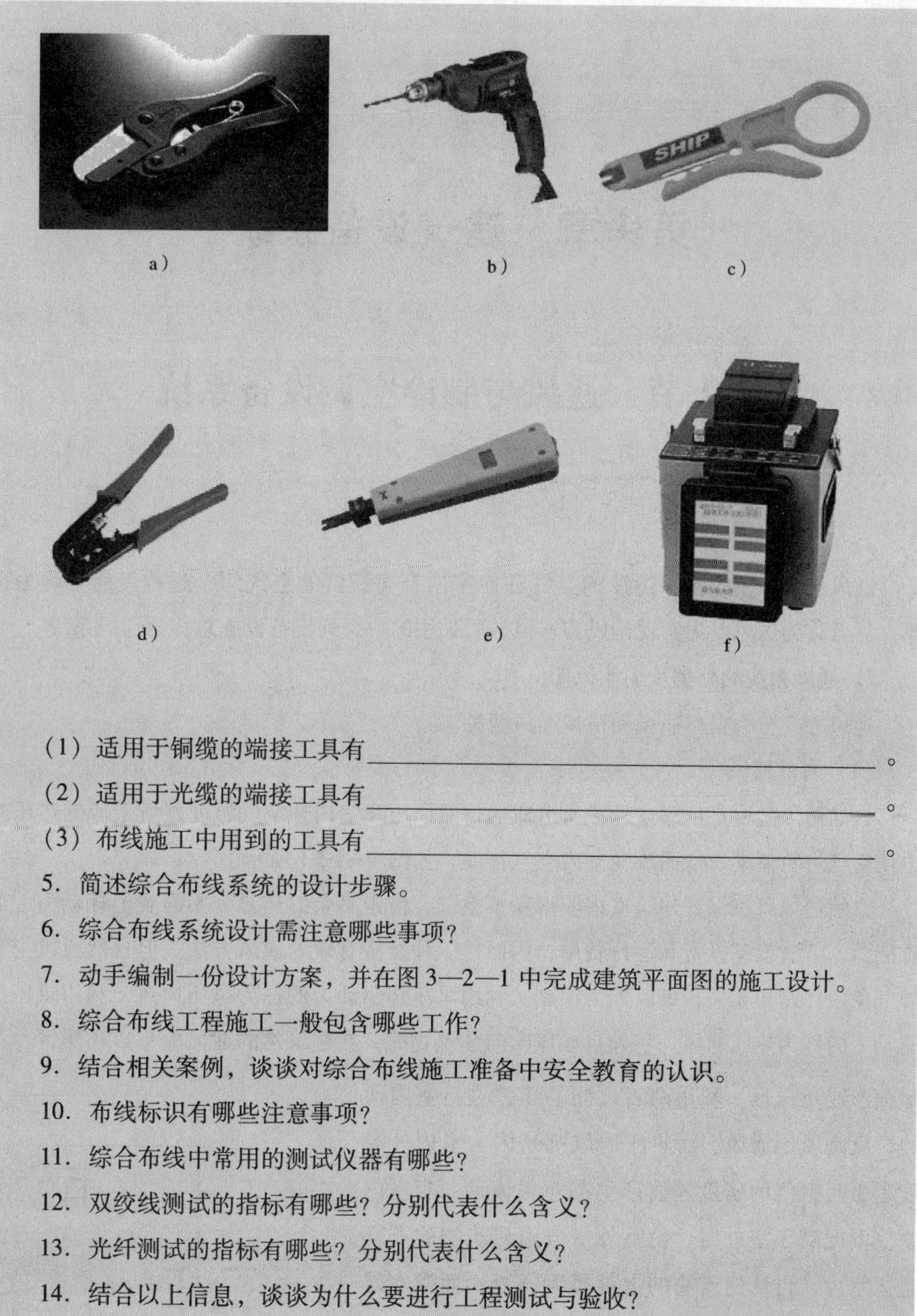

a)　　b)　　c)

d)　　e)　　f)

（1）适用于铜缆的端接工具有________________________________。

（2）适用于光缆的端接工具有________________________________。

（3）布线施工中用到的工具有________________________________。

5. 简述综合布线系统的设计步骤。

6. 综合布线系统设计需注意哪些事项？

7. 动手编制一份设计方案，并在图3—2—1中完成建筑平面图的施工设计。

8. 综合布线工程施工一般包含哪些工作？

9. 结合相关案例，谈谈对综合布线施工准备中安全教育的认识。

10. 布线标识有哪些注意事项？

11. 综合布线中常用的测试仪器有哪些？

12. 双绞线测试的指标有哪些？分别代表什么含义？

13. 光纤测试的指标有哪些？分别代表什么含义？

14. 结合以上信息，谈谈为什么要进行工程测试与验收？

第4章　建筑设备系统

第1节　通风与制冷空调设备系统

一、通风系统

通风包括从室内排除污浊的空气和向室内补充新鲜的空气两个过程。前者称为排风，后者称为送风。为实现排风和送风，所采用的一系列设备设施总称为通风系统。

1. 通风系统的分类及工作原理

通风方式分为自然通风和机械通风两种。

（1）自然通风

自然通风主要是依靠室外风所造成的自然风压和室内外空气温度差所造成的热压来迫使空气进行流动，从而改变室内空气环境，如图4—1—1所示。

自然通风可以保证建筑室内获得新鲜空气，带走多余的热量，不需要消耗动力，节省能源，节省设备投资和运行费用，因而是一种经济有效的通风方法。但自然通风与室外气象条件密切相关，难以人为控制。利用风压作驱动力的称为风压通风，利用热压作驱动力的称为热压通风。室外自然风吹向建筑物时，在建筑物的迎风面形成正压区，背风面形成负压区，利用两者之间的压差进行室内通风，就是风压通风。而热压通风则是因为室内外温度差引起空气的密度差而产生的空气流动：当室内空气温度高于室外时，使室外空气由建筑物的下部进入室内，再从建筑物的上部排到室外；而当室外空气温度高于室内时，则气流流向相反。多数情况下风压和热压是同时起作用的，这时主流空气的流向由两种驱动力的作用方向和强弱对比来确定。

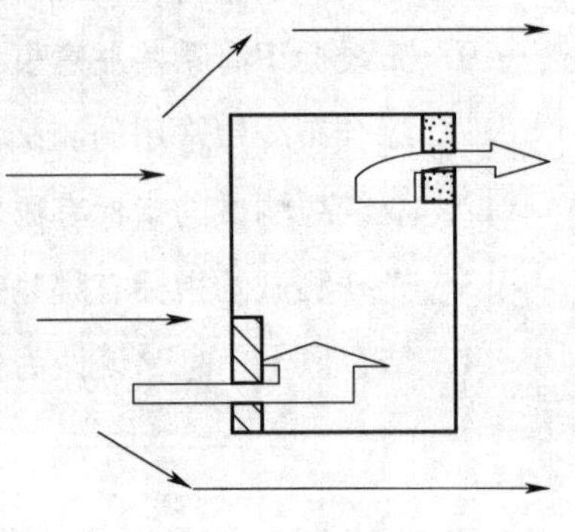

图4—1—1　自然通风

自然通风是一种经济而有效的通风方法。它不消耗资源，设备投资省，较为经济实用；但受自然条件的影响大。

（2）机械通风

机械通风系统一般由风机、风道、阀门和送排风口组成。机械通风是利用通风设备所造成的压力，迫使室内外空气进行交换的一种通风方式。机械通风分为全面通风和局部通风两种形式。

1）全面通风是对整个房间进行通风换气，用送入室内的新鲜空气把整个房间里面的有害物质浓度稀释到卫生标准的允许浓度以下，同时把室内被污染的污浊空气直接或经过净化处理后排放到室外大气中去。全面通风包括全面送风和全面排风，两者可同时或者单独使用。

2）局部通风是指利用局部气流，使局部地点不受污染，形成良好的空气环境。局部通风包括局部送风和局部排风。

2. 通风管道及设备

（1）通风机

通风机是通风系统中为空气的流动提供动力以克服输送过程中的阻力损失的机械设备。在工程中应用最广泛的是离心式通风机和轴流式通风机，如图4—1—2和图4—1—3所示。

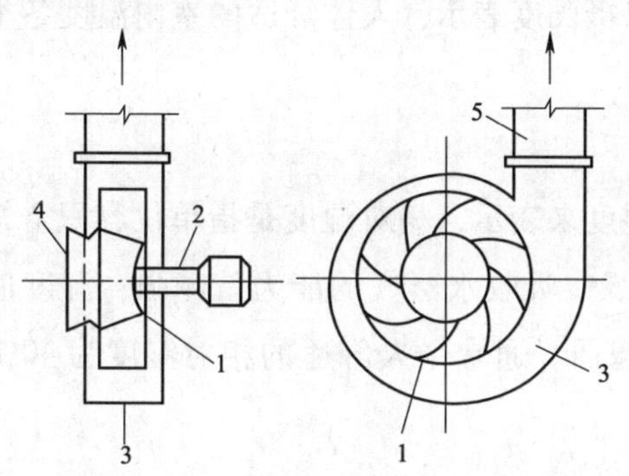

图4—1—2　离心式通风机构造示意图

1—叶轮　2—风机轴　3—机壳　4—导流器　5—排风口

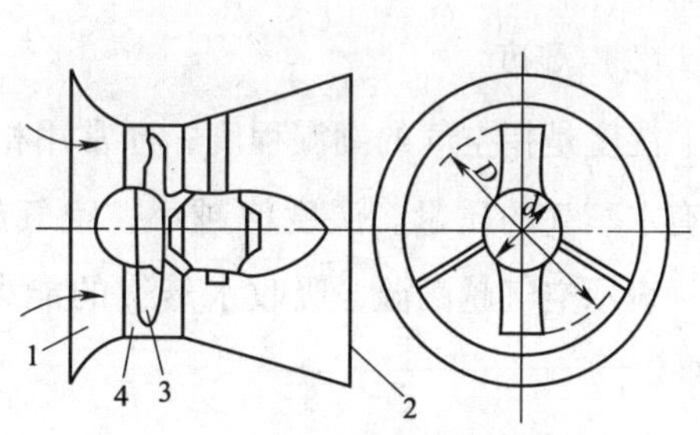

图4—1—3　轴流式通风机简图

1—吸风口　2—扩压器　3—叶轮　4—机壳

离心式通风机的叶轮在电动机带动下随机轴一起高速旋转，叶片间的气体在离心力作用下由径向排出，同时在叶轮的吸气口形成真空，外界气体在大气压力作用下被吸入叶轮内，以补充排出的气体，由叶轮排出的气体进入机壳后被压向风道，如此源源不断地将气体输送到需要的场所。轴流式通风机常用在管道式通风系统中。轴流式通风机因产生的风压较小，很适合无须设置管道的场合及管道阻力较小的通风系统，如地下室或食堂简易的散热设备。

（2）通风管道

风道一般采用镀锌或不镀锌薄钢板制作，不燃、易加工，耐久且较经济；对洁净度有特殊要求时，采用铝板或不锈钢板制作；有防腐要求时，采用硬聚氯乙烯、玻璃钢及其他非金属管材。

（3）风阀

风阀装设在风管或风道中，主要用于空气的流量调节，多采用顺开式多叶调节阀和密闭对开多叶调节阀。

（4）风口

风口分为送风口和排风口两种，装设在风管和风道的两端。

二、空气调节系统

在机械通风系统上加设一些空气处理设施，例如增设除尘系统，可净化空气；通过加热或冷却，加湿或去湿，可以控制空气的温度或湿度，这样通风系统就成为空气调节系统，简称空调系统。

1. 衡量空气环境的主要指标

（1）温度

温度是衡量空气冷热程度的指标，通常以摄氏度表示，人体舒适的室内温度冬季宜控制在 20 ~ 24℃，夏季控制在 22 ~ 27℃。

（2）湿度

湿度是指空气的潮湿程度，通常用相对湿度来表示，相对湿度是指单位容积空气中含有水蒸气的质量。湿度值越小，空气越干燥，吸收水蒸气的能力就越强；湿度值越大，表示空气越潮湿，吸收水蒸气的能力就越弱。通常令人舒适的相对湿度为 40% ~ 60%。

（3）清洁度

空气的洁净度是指空气中的粉尘和有害物的浓度。在不易通风、人多的空气环境中，必须采用通风方式不断地以室外的新鲜空气来更换室内的污浊空气，以保证室内空气的清洁度。

2. 中央空调系统的组成及工作原理

（1）中央空调系统的组成

大型物业中，因空调的冷、热媒是集中供应的，称为集中式空调系统或中央空调系统。建筑物中央空调系统的组成分为四个部分：空气处理设备、空气输配系统、冷

（热）源系统和空调房间。

1）空气处理设备。它是空调系统的核心。它完成对混合空气（室外新鲜空气和部分返回的室内空气）的除尘、温度调节、湿度调节等工作。

2）空气输配系统。它将空气处理设备处理好的空气送至房间。空气输配系统包括风机、风道、风口、末端装置等。

3）冷（热）源系统。空气处理设备处理空气，需要冷（热）源提供冷（热）媒，冷（热）媒与空气进行热交换，使空气变冷（热）。夏季降温时，使用冷源，一般是制冷机组。冬季加热时，使用热源，热源通常为热水锅炉或中央热水机组。

4）空调房间。它是被提供舒适温度、湿度环境的房间。

（2）中央空调系统的工作原理

如果是夏天使用冷源空气系统，需要以冷水进入空调处理机（或风机盘管），冷水进入水冷风机盘管吸收空气中的热量，空气制冷后送入室内。

空调系统通过循环方式把室内的热量带走，使室内温度维持在一定值。当循环空气通过空调处理机（或风机盘管）时，高温空气经过冷却盘管的铝片先进行加热交换，盘管的铝片吸收了空气中的热量，使空气温度降低，然后再将冷却后的循环空气吹入室内，如此周而复始，不断循环，把室内的热量带出。

如果是冬天使用热源空调系统，需要以热水（通常是32℃）进入空调处理机（或风机盘管），空气加热后送入室内。

空气经过冷却或加热后，相对湿度降低，变得干燥。如果想增加湿度，可安装加湿器，进行喷水或喷蒸汽，对空气进行加湿处理，用这样的湿空气去补充室内水气量的不足。

3. 空气处理系统

中央空调系统的空气处理设备主要有空调处理机、新风空调机、风机盘管和通风机等。一般空气处理系统包括以下几个部分：

（1）进风部分

根据人体对空气新鲜度的要求，空调系统必须有一部分空气取自室外，称为新风。进风部分主要由新风机、进风口组成。

（2）空气过滤部分

由进风部分输入的新风，必须先经过一次预过滤，以除去颗粒较大的尘埃。一般空调系统都装有预过滤器和主过滤器两级过滤装置。

（3）空气的热湿处理部分

将空气加热、冷却、加湿和减湿等不同的处理过程组合在一起统称为空调系统的热湿处理部分。

（4）空气的输送和分配部分

空气的输送和分配部分由风机和不同形式的管道组成，将调解好的空气均匀地输入和分配到空调房间内。

三、制冷系统

制冷系统是空调系统的冷源，它通过制备冷冻水提供给空气处理设备使用，从而向整个系统提供冷量。中央制冷系统由制冷装置、冷冻水系统和冷却水系统三个循环子系统组成。

1. 制冷装置

用来制冷的设备通常称为制冷机。根据制冷设备所使用的能源类型，中央空调系统中常用的制冷机分为压缩式和吸收式两种。

（1）压缩式制冷机

压缩式制冷机利用“液体气化时要吸收热量”这一物理特性制冷，它由压缩机、冷凝器、膨胀阀、蒸发器四个主要部件组成，并用管道连接，构成一个封闭的循环系统。压缩式制冷机工作原理如图 4—1—4 所示。

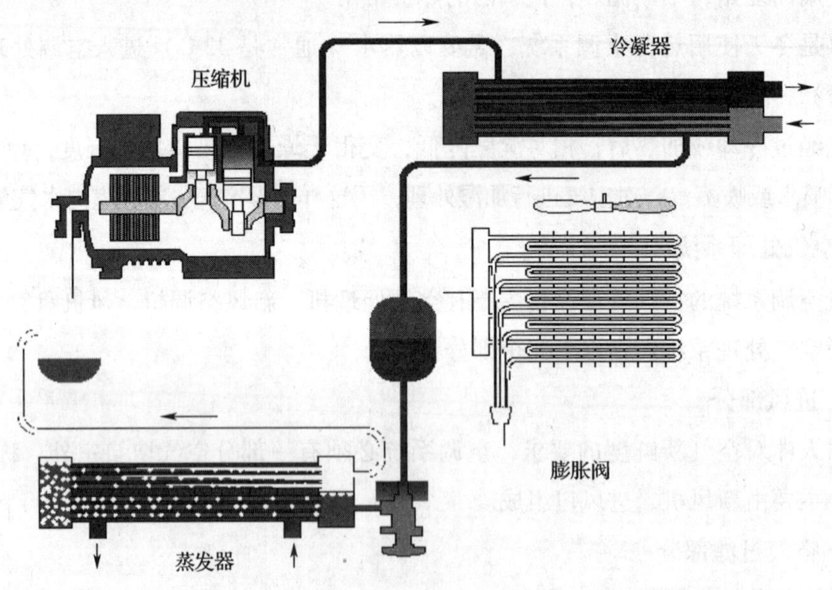

图 4—1—4　压缩式制冷机工作原理图

具体工作过程为：压缩机将蒸发器内所产生的低压、低温的制冷剂气体吸入气缸内，经压缩后成高温、高压的气体，并被送至冷凝器。在冷凝器内，高温、高压的制冷剂与冷却水（或空气）进行热交换，把热量传给冷却水，而使制冷剂本身由气体凝结为高压液体。高压的液体再经膨胀阀膨胀、降压后进入蒸发器。在蒸发器内，低压的液态制冷剂是很不稳定的，立即气化并吸收蒸发器水箱中水的热量，从而使冷冻水的回水重新得到冷却，蒸发器所产生的制冷剂气体又被压缩机吸走。这样制冷剂在系统中要经过压缩、冷凝、膨胀和气化四个过程才完成一个制冷循环。

把整个制冷系统中的压缩机、冷凝器、蒸发器、膨胀阀等设备，以及电气控制设备组装在一起，称为冷水机组，主要为空调箱和风机盘管等末端设备提供冷冻水。

(2) 吸收式制冷机

吸收式制冷机是利用两种沸点相差较大的溶液工作。其中沸点低的溶液作制冷剂，沸点高的溶液作吸收剂。一般采用水作制冷剂，用溴化锂溶液作吸收剂，制取0℃以上的冷冻水。

吸收式制冷机在工作时，由蒸发器出来的低压制冷剂蒸汽，在压力差作用下进入吸收器中，被从发生器中回来的溴化锂浓溶液吸收，在吸收过程中释放出的热量被冷却水带走。吸收器中形成的水—溴化锂溶液由溶液泵输送到发生器中。水—溴化锂溶液在发生器中被其内部管道内的蒸汽或其他热源加热，提高了温度，制冷剂变为蒸汽，从水—溴化锂溶液中分离出来，在压力差作用下进入冷凝器中，被冷却水将其热量带走，成为制冷水。制冷水经节流阀节流、减压后进入蒸发器中气化吸收冷媒水的热量后变为水蒸气，在压力差作用下又进入吸收器中继续循环。

2. 冷冻水系统

冷冻水系统负责将制冷装置制备的冷冻水输送到空气处理设备，通常是指向用户供应冷、热量的空调水管系统，其作用是冷却风管道空气。冷冻水系统一般由水泵、膨胀水箱、集水器、分水器、送水管道和回水管道等组成。经由蒸发器的低温冷冻水（7℃左右）送入空气处理设备，吸收了空气热量的冷冻水升温（12℃），再送到蒸发器循环使用，水循环系统靠冷冻水泵加压。冷冻水系统中的水是封闭在管路中循环流动的，与外界空气接触少，可减缓对管道的腐蚀。为了使水在温度变化时有体积膨胀管一般接至水泵的入口处，也有接在集水器或回水管上的。为了保证水量平衡，在总送水管和总回水管之间设置自动调节装置，一旦供水量减少而管内压差增加，则使一部分冷水直接流至总回水管内，以保证制冷装置和水泵的正常运转。

3. 冷却水系统

冷却水系统是水冷制冷机组必须设置的系统，作用是用温度较低的水（冷却水）吸收制冷剂冷凝时放出的热量，并将热量释放到室外。冷却水系统一般由水泵、冷却塔、送水管道和回水管道等组成。经由冷凝器升温的冷却水（37℃左右）通过管道送入冷却塔，使其冷却降温（32℃），再送到冷凝器循环使用。水循环系统靠冷却水泵加压。

冷却塔的作用是使室外空气与冷却水强制接触，使水散热降温。冷却塔一般主要由填料（也称散热材）、配水系统、通风设备、空气分配装置、挡水器（或收水器）和集水槽（或集水池）等部分构成。利用空气与水的接触（直接或间接）来冷却水，将携带废热的冷却水在塔体内部与空气进行热交换，使废热传输给空气并散入大气中。

冷却塔台数一般应与制冷机台数相同，无须设置备用塔。对于小型水冷柜式空调机，也可多台机组合用一台冷却塔。当选用多台水塔时，尽量选择同一型号。目前常用的冷却塔有圆形逆流式和方形横流式两种。

（1）圆形逆流式冷却塔

如图4—1—5所示，圆形逆流式冷却塔采用逆流式气热交换技术，填料采用优质的改性聚氯乙烯波片，以扩散淋水面积；通过旋转布水方式，实现布水均匀，以增强冷却效果。

图4—1—5 圆形逆流式冷却塔

（2）方形横流式冷却塔

如图4—1—6所示，方形横流式冷却塔采用两侧进风，靠顶部的风机，使空气经由塔两侧的填料，与热水进行介质交换，湿热空气再排向塔外。填料采用两面有凸点的点波片，通过安装头使点波片黏结成整体，以提高刚性，两面的凸点还可避免直接滴水，因此提高了水膜形成能力。填料尾部设有收水措施。

图4—1—6 方形横流式冷却塔

相比圆形逆流式冷却塔，方形横流式冷却塔水损失率更小，通风面积更大，冷却效果也更好。方形横流式冷却塔最大的优点是，其布水器是固定的，不像圆塔式的旋转布水器需要水流来推动，当水量减少时，水流分布仍是均匀的，且水流流速会相对更慢一些，能取得更好的降温效果，因而非常适用于冷却水泵采用变频调节的系统。

四、中央制冷空调设备设施的管理与维护

1. 通风系统的管理

（1）通风系统的日常运行管理

通风系统的日常运行管理主要包括：系统启动前的检查；对室内外空气温湿度的测定，用以确定运行方案；系统启动、关闭；运行管理并认真按规定时间做好运行记录等工作。

（2）通风系统设备维护

通风系统的维护主要包括四个方面：灰尘清理、巡回检查、仪表检定、系统检修。

2. 中央空调制冷空调设备启停操作

在讨论空调系统的运行管理和日常维护管理之前，先分析一下如何启动和停止中央制冷空调系统设备。新员工在独立操作前，必须经过对系统的结构性能、安全操作、规范流程、维护要求等方面的技术知识教育和实际操作培训，合格者获操作证方可上岗。严格岗位责任，实行定人定机制，以确保正确使用设备和落实日常运行维护工作。

3. 中央制冷空调系统日常运行管理

（1）空调系统的运行管理

空调系统的运行管理最主要的工作是系统的运行调节。空调系统在全年运行中，室内本身的热、湿负荷也会随着外界情况和室内人员的变化而有所不同。因此，空调系统在全年运行期间就不能一成不变地按满负荷运行，而必须根据负荷的变化运行调节，才能保证室内温、湿度要求。具体调节方法如下：

1）温度调节。温度调节有两种方法：一种方法是，用阀门调节盘管内冷冻水或热水的流量，通过改变制冷（加热）量来改变送风温度；另一种方法是，调节新风旁通阀，使部分新风不经过盘管而通过旁通管，改变制冷（加热）新风和旁通新风的混合比例。

2）湿度调节。湿度调节即改变送风状态的含湿量，在冬季可以用喷蒸汽加湿的方法，在夏季可以用固体或液体稀释剂减湿的方法。

3）风量调节。风量的调节可通过风机变速或风量调节阀等实施。在负荷变化的情况下，用调节风量的方法来保证室内空气的温、湿度要求是一种有效并且节能的方法。

（2）制冷机房的管理

制冷机房的管理主要是对安装在其中的制冷设备的管理和维护，制冷机房的管理目的是保证制冷设备的安全运行，制冷机房管理的关键是监控系统的运行状态，一旦系统发生故障，能及时采取相应的措施并发出信号，以保证系统安全运行。日常管理主要包括设备的巡回检查和设备润滑保养。同时，运行管理值班人员都应认真填写运行记录，做好设备的交接班工作。

（3）冷却塔的维护保养

冷却塔维护保养的主要内容有：定期清洗配水器水垢、锈渣及其他杂质，防止堵塞，以保证水流分布均匀；定期清除填料中的水垢及污物，以保证气流分布均匀；运行时根据水质情况，定期排污或进行水质处理；冬季冷却塔不用时，需排净塔内存水。

4. 中央空调系统常见故障的处理

中央空调系统运行过程中，经常会遇到一些系统故障，维护管理人员要认真分析故障原因，及时与专业维修公司联系，进行故障处理。

5. 通风与制冷空调系统管理制度

通风与制冷空调系统是一个复杂的、自动化程度高的系统，除了依靠高技术素质和高度责任心的操作运行人员进行运行管理外，还要依赖于科学的管理制度。

首先要建立各项规章制度，并且严格执行，以下是必须制定的六项制度：

（1）岗位责任制。规定配备人员的职责范围和要求。

（2）巡回检查制度。明确定时检查的内容、路线和应记录项目。

（3）交接班制度。明确交接班要求、内容及手续。

（4）设备维护保养制度。规定设备各部件、仪表的检查、保养、检修、定检的周期、内容和要求。

（5）清洁卫生制度及安全、保卫、防火制度。同时还应有执行制度时的各种记录，如运行记录、交接班记录、水质化验记录、设备维护保养记录、事故记录等。

第 2 节　供配电照明设备系统

一、供配电系统

1. 电力系统

电力系统是把各类型发电厂、变电所和用户连接起来组成的一个发电、输电、变电、配电和用户的整体，其主要目的是把发电厂的电力供给用户使用。由于发电厂往往距负荷中心较远，从发电厂到用户只有通过输电线路和变电所等中间环节，才能把电力输送给用户，如图 4—2—1 所示。

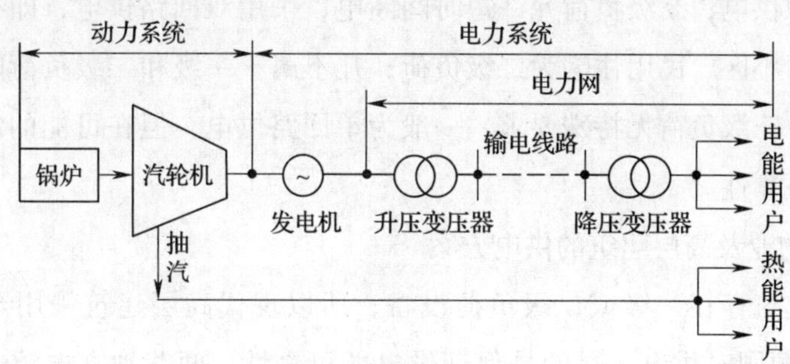

图 4—2—1　电力系统

根据我国规定，电力网的额定电压等级有 220 V、380 V、6 kV、10 kV、35 kV、110 kV、220 kV 等，习惯上把 1 kV 及其以上的电压称为高压，1 kV 以下的电压称为低压。但要注意，所谓低压是相对高压而言的，绝不表明它对人身没有危险。

我国电力系统中，220 kV 以上电压等级都用于大电力系统的主干线，输送距离在几百公里；110 kV 电压用于中、小电力系统的主干线，输送距离在 100 km 左右；35 kV 则用于电力系统二次网络或大型工厂、物业的内部供电，输送距离在 30 km 左右；6 ~ 10 kV 电压用于送电距离为 10 km 左右的工厂、物业的内部供电；电动机、电热等用电设备，一般采用三相电压 380 V 和单相电压 220 V 供电；照明用电一般采用 220 V 单相供电。

目前，电力系统都采用三相交流电，即采用三相三线制输电，三相四线、三相五线制配电。从物业管理的角度，管理人员接触的多是低压系统。一般城镇住宅型物业多采用三相五线制供电方式，如图 4—2—2 所示。

图 4—2—2 中，L_1、L_2、L_3 称作相线，又俗称火线；N 线称作中性线，中性线通常与大地相连，接地的中性线又叫零线；PE 线称作接地保护线。该线制可输送两种电压：一种是相线（L）与相线（L）之间的电压称为线电压（如 380 V），另一种是相线（L）与中性线（N）间的电压称为相电压（如 220 V）。

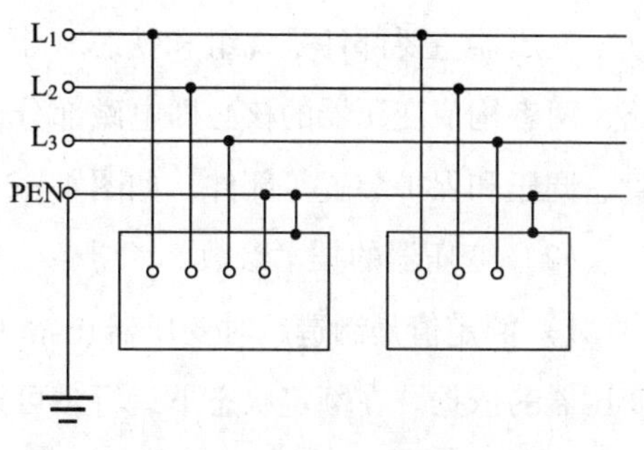

图 4—2—2　三相五线制供电方式

一般家用电器、照明灯具等都属于 220 V

单相负载，而物业中电梯、水泵、空调压缩机等设备都属于380 V三相电动机负载设备。

2. 各类型物业的供电

建筑和小区的供电负荷分三个等级：一级负荷必须保证任何时候都不间断供电，应有两个独立电源供电；二级负荷允许短时间断电，采用双回路供电，即有两条线路一备一用，一般生活小区、民用住宅为二级负荷；凡不属于一级和二级负荷的一般电力负荷均为三级负荷，三级负荷无特殊要求，一般为单回路供电，但在可能的情况下，也应尽力提高供电的可靠性。

（1）大型物业及高层建筑的供电方案

因为高层建筑存在一级或二级负荷设备，所以现代高层建筑采用至少两路独立的10 kV或以上电源同时供电，目的是保证供电的可靠性。两路独立电源运行方式，原则上是两路同时供电，互为备用。另外，还必须装设应急柴油发电机组，一旦市电网发生故障，发电机自动投入运行，要求在15 s内自动恢复供电，保证事故照明、电脑、消防、电梯等设备的事故用电。

（2）一般民用建筑设施供电系统

一般民用建筑设施属二级供电负荷，对二级负荷宜采用两个电源供电，但要求条件可以放宽，不一定是两个独立电源，如两路市电可来自负荷变电站或低压变压所的不同母线段。

（3）小型民用建筑设施供电系统

村镇住宅等小型民用建筑一般属三级供电负荷，对三级负荷无特殊要求，一般为单回路供电，但在可能的情况下，也应尽力提高供电的可靠性。

二、供配电设备

1. 电力变压器

（1）三相变压器的结构

变压器主要部件是绕组和铁芯（器身）。绕组是变压器的电路，铁芯是变压器的磁路，两者构成变压器的核心即电磁部分，除了电磁部分，还有油箱、冷却装置、绝缘套管、调压和保护装置等部件，如图4—2—3所示。

（2）变压器的技术参数

1）额定值是制造厂对变压器正常工作时所作的使用规定，也是制造厂设计和试验变压器的依据。在额定状态下运行，可以保证变压器长期可靠地工作，并具有良好的性能。变压器型号由汉语拼音字母和阿拉伯数字组成，如图4—2—4所示。

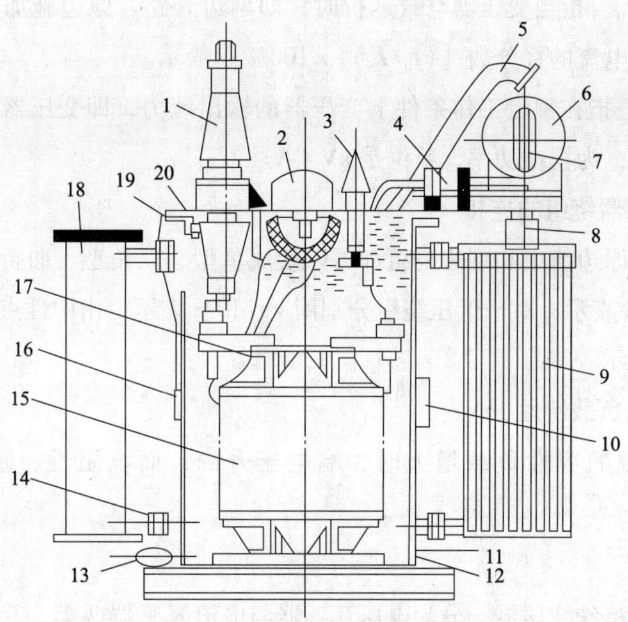

图 4—2—3　变压器的结构示意图

1—高压套管　2—分按开关　3—低压套管　4—气体继电器　5—安全气道（防爆管）
6—油枕（储油柜）　7—油表　8—呼吸器（吸湿器）　9—散热器　10—铭牌
11—接地螺栓　12—油样活门　13—放油阀门　14—活门　15—绕组（线圈）
16—信号温度计　17—铁芯　18—净油器　19—油箱　20—变压器油

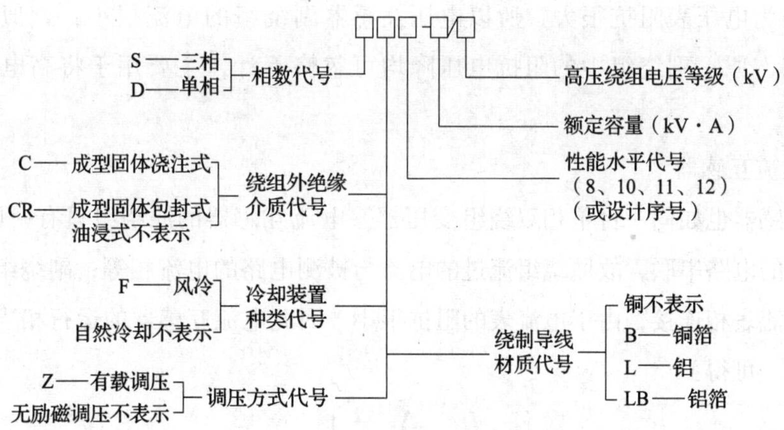

图 4—2—4　三相变压器的型号图

2）额定电压 U_{1N} 和 U_{2N}。变压器在额定运行情况下，根据其绝缘强度允许温升规定的原边线电压值，称作原边额定线电压 U_{1N}。变压器空载时副边线电压的额定值称作副边额定电压 U_{2N}。

3）空载电流 I_0。指当变压器空载运行时，即副边开路、原边施加额定电压时的电流值，一般用额定电流的百分数［$(I_0/I_N) \times 100\%$］表示。

4）额定容量。指在额定工作条件下变压器的输出能力，即变压器副边的额定电压与额定电流的乘积，为视在功率，单位是 kV·A。

（3）三相变压器绕组的连接

三相变压器的原边绕组和副边绕组都可以接成星型、三角型、曲折型，对于高压绕组分别用 Y、D、Z 表示，对于低压绕组分别用 y、d、z 表示，由中性点引出时则用符号 Y_N、Z_N和 y_n、z_n表示。

（4）变压器的负载特性

变压器的负载的容性负载增大时，端电压升高；而电阻性、感性负载则特性相反。

2. 互感器

互感器是一种特殊变压器，分为电压互感器与电流互感器两类。互感器与测量仪表配合使用时，用于测量电力线路的高电压和大电流，并起隔离作用。在自动控制系统中，可作为电压和电流的检测、控制及保护器件。

（1）电压互感器

单相电压互感器如同一台单相双绕组变压器。电压互感器的原绕组匝数很多，并联于待测电路两端；副绕组匝数较少，接电压表及电度表、功率表、继电器的电压线圈。因为电压表阻抗很大，所以电压互感器副绕组的电流很小，近似于变压器的空载状态，原、副绕组中的阻抗电压降均可忽略不计，主要用于将高电压变换成低电压。

（2）电流互感器

电流互感器也如同一台单相双绕组变压器。电流互感器的原绕组只有一匝或几匝，与被测电流的电路串联，故原绕组流过的电流与被测电路的电流相等；副绕组的匝数较多，它与电流表相连接，由于电流表的阻抗很小，因此电流互感器的运行相当于变压器的短路状态。可得：

$$\frac{I_1}{I_2} = \frac{N_2}{N_1} = \frac{1}{k}$$

其中 k 称为电流互感器的变换系数。

3. 开关设备

（1）高压断路器

高压断路器是供配电系统中重要的控制保护开关电器，文字符号简称为 QF。它的作用是：在正常时用于接通及断开负荷电流；在线路或设备发生短路故障时，通过继电保护作用，自动切断故障电流，从而隔离故障，使系统非故障部分可以正常运行。

(2) 高压负荷开关

高压负荷开关文字符号简称为QL。高压负荷开关设有简单的灭弧室，其灭弧能力比高压断路器差，所以高压负荷开关可以接通或断开工作电流，但不能断开短路电流，这是高压负荷开关与高压断路器的主要区别。

(3) 高压隔离开关

高压隔离开关文字符号简称为QS。高压隔离开关主要用于在检修电器设备时形成明显的可靠开点，它通常用作安全电器，隔离开关没有专门的灭弧机构，不具备接通和断开负荷电流及短路电流的能力，与高压断路器有根本的区别。

高压断路器和高压隔离开关通常串联使用，当有双侧来电可能性时，高压断路器两侧都加装高压隔离开关。

(4) 低压断路器

低压断路器对配电电路或其他设备实行不频繁地通断操作或线路转换，当电路出现过载、断路、失电压或欠电压等非正常情况时，能自动分断电路的开关电器。低压断路器的工作原理如图4—2—5所示。

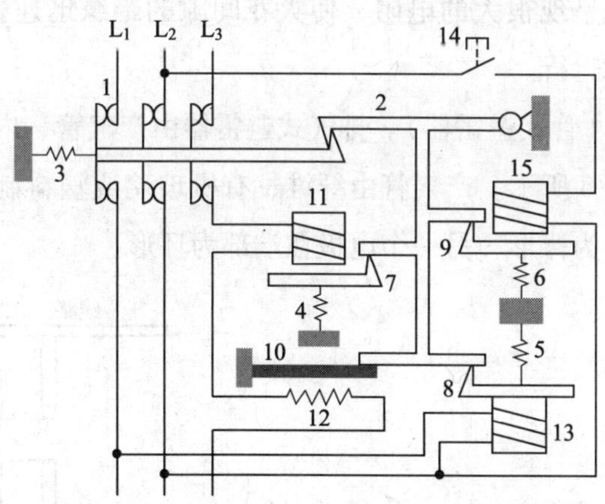

图4—2—5　低压断路器的工作原理图

1—触头　2—搭钩　3、4、5、6—弹簧　7、8、9—衔铁　10—双金属片　11—过流脱扣线圈

12—加热电阻丝　13—失压脱扣线圈　14—按钮　15—分励线圈

(5) 低压开关

低压开关种类很多，有低压刀开关、低压负荷开关等。低压负荷开关用于低压交、直流电路中，作为手动不频繁接通、分断负荷电路及电路保护之用。

4. 保护设备

(1) 熔断器

熔断器是常用的一种简单保护电器，用来保护电路中的电器设备，使其在短路或过负荷时免受损坏，文字符号简称为FU。熔断器是串联在电路中的，当被保护设备发生短路故障或过负荷时，故障电流明显地超过熔断器额定电流，熔体被迅速加热而熔断，从而切断电路，保护设备不受损坏。熔断器主要分为高压熔断器和低压熔断器。

(2) 避雷器

避雷器用来防止雷电产生的过电压沿线路侵入变配电所或其他建筑物内，以免危及被保护设备的绝缘。避雷器应与被保护设备并联，装在被保护设备的电源侧。当线路上出现危及设备绝缘的雷电过电压时，避雷器上的火花间隙就被击穿，或由高阻变为低阻，使过电压对大地放电，从而保护了设备绝缘。避雷器主要有阀式避雷器、排气式避雷器、金属氧化物避雷器等。

1) 阀式避雷器。阀式避雷器又称阀型避雷器，由火花间隙和阀片组成，装在密封的瓷套管内。火花间隙用铜片冲制而成，每对间隙用云母垫圈隔开。阀片是由陶料粘固起来的电工用金刚砂（碳化硅）颗粒组成的。这种阀片具有非线性特性，正常电压时，阀片电阻很大；过电压时，阀片电阻变得很小。因此阀型避雷器在线路上出现过电压时，其火花间隙击穿，阀片能使雷电流顺畅地向大地泄放。当过电压一消失，线路上恢复工频电压时，阀片又呈现很大的电阻，使火花间隙的绝缘迅速恢复而切断工频续流，从而保护线路恢复正常运行。

2) 排气式避雷器（管式避雷器）。排气式避雷器由产气管、内部间隙、外部间隙三部分组成，如图4—2—6所示。产气管由纤维、有机玻璃或塑料制成。内部间隙装在产气管内，其中一个电极为棒形，另一个电极在端部为环形。

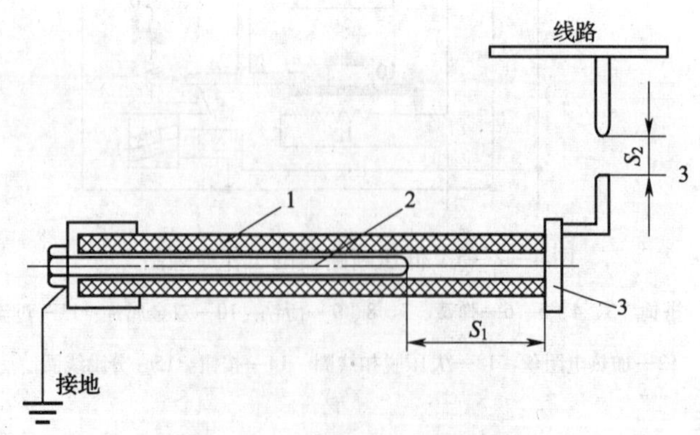

图4—2—6 排气式避雷器原理图

1—产气管 2—内部电极 3—外部电极 S_1—内部间隙 S_2—外部间隙

当线路上遭到雷击或雷电感应时，雷电过电压使排气式避雷器的内、外间隙击穿，强大的雷电流通过接地装置入地。由于放电时内阻接近于零，所以其残压很小，工频续流很大。雷电流和工频续流使管子内部间隙产生强烈电弧，使管内壁材料烧灼产生大量的灭弧气体，由管中喷出，强烈吹弧，使电弧迅速熄灭。这时外部间隙的空气恢复绝缘，使避雷器与系统隔离，恢复系统正常运行。

排气式避雷器具有简单经济、残余电压小的优点，但动作时有电弧和气体从管中喷出，因此只适用于室外架空场所，主要是架空线路。

3）金属氧化物避雷器。金属氧化物避雷器有两种类型。最常见的一种是无火花间隙只有压敏电阻片的避雷器。压敏电阻片是由氧化锌或氧化铋等金属氧化物烧结而成的多晶半导体陶瓷元件，具有理想的阀电阻特性。在工频电压下，它呈现极大的电阻，能迅速有效地阻断工频续流。因此无须火花间隙来熄灭由工频续流引起的电弧。而在雷电过电压作用下，其电阻又变得很小，能很好地泄放雷电流。另一种是有火花间隙、且有金属氧化物电阻片的避雷器，其结构与普通阀式避雷器类似，只是两者的阀电阻材料不同。它比普通阀式避雷器有更优异的保护特性，且运行安全可靠，是普通避雷器的更新换代产品。

三、建筑照明

电气照明是建筑物的重要组成部分，照明不仅可以烘托建筑造型、美化环境，而且照明质量的好坏直接影响人们的工作效率和视力保护。在智能建筑中，照明用电量很大，往往仅次于空调的用电量。

1. 照明种类

(1) 正常照明

满足一般生产、生活需要的照明称为正常照明。建筑物内部及供工作、运输等的室外场地都应设置正常照明，正常照明方式分一般照明、局部照明和混合照明。

(2) 事故照明

正常照明因故障熄灭后，供事故情况下继续工作或安全通行的照明称为事故照明。例如，影剧院、博物馆、餐厅、百货大楼等公共场所，高层建筑的疏散楼梯，医院的手术室、急救室等，均应设置事故照明。

(3) 警卫值班照明

在值班室、警卫室、门卫室等地方所设置的照明称为警卫值班照明。它可利用正常照明的一部分，但应能单独控制，也可利用事故照明作为值班照明。

（4）障碍照明

装设在建筑物上作为障碍标志用的照明。在飞机场周围较高的建筑上，或有船舶通行的航道两侧的建筑上，应按民航和交通部门的有关规定装设障碍照明。

（5）彩灯和装饰照明

彩灯和装饰照明是指为美化市容夜景，以及节日装饰和室内装饰的照明。

2. 常见照明光源

电气照明采用的电光源按发光原理可以分为两大类：一类是热辐射光源，如白炽灯、卤钨灯等；另一类是气体放电光源，如荧光灯、高压汞灯、高压钠灯等。其中，白炽灯的优点是体积小，容易借助于灯罩得到准确的光通量分布，显色性比较好，费用较低。因此白炽灯在许多场所得到广泛应用，如展览陈列室、橱窗照明和远距离投光照明等。另外，由于白炽灯启动性能好，能够迅速点燃，所以事故照明一般也采用白炽灯。荧光灯广泛应用于办公室、学校、医院、商店、住宅等建筑中，因为荧光灯有一定的启动时间，其寿命受启动次数的影响很大，所以在开关比较频繁和使用时间较短的场所，不宜采用荧光灯。

3. 照明配电与控制

（1）照明配电方式

建筑物照明供电一般采用220 V的单相电源，一般住宅建筑中还布有大量插座，用于家用电气设备。家用电器均属单相负载，采用单相两插或单项三插插座。

（2）照明控制方式

1）跷板开关控制方式。用跷板开关控制一套或几套灯具的控制方式，这是采用得最多的控制方式。该控制方式使用方便，但线路繁琐、维护量大，广泛应用于办公室、家庭等场所。

2）断路器控制方式。用断路器控制一组灯具的控制方式。此方式控制简单，但由于控制的灯具较多，造成大量灯具同时开关，在节能方面效果很差，较适于运动馆、生产车间等。

3）定时控制方式。定时控制灯具的控制方式。该方式太机械，遇到天气变化或临时更改作息时间，就比较难以适应，一定要通过改变设定值才能实现，适于有此要求的场所。

4）声控、光电感应开关控制。通过声音或光的感应来控制灯具开关，达到节能的目的，适用于住宅公共走廊灯场所。

5）智能控制方式。在智能楼宇中，将照明系统各开关控制点接入DDC控制器，可达到对整个楼宇的照明系统进行集中控制的管理。

四、建筑供配电和照明设备的管理与维护

1. 建筑供配电设备设施的管理

建筑供配电系统的管理师按照国家法规和物业管理公司的管理规范，运用现代化的管理方式和先进的维护技术，对已验收并投入使用的供电设备进行管理和服务，以保证物业小区或楼宇的供电系统正常、安全运行，给辖区内的人们提供一个良好的生活环境。

（1）管理范围的界定

物业的供电是由供电部门通过供电线路实现的，供电线路是连续的，因此在验收接管中必须明确产权的分界，有利于分清维护的范围和事故的责任方。依据《全国供用电规则》，对维护管理与产权分界的有关规定如下：

1）低压供电的，以供电接户线的最后支持物为分界点，支持物属供电局。

2）10 kV 及以上高压供电的，以用户界外或配电室前的第一断路器或进线套管为分界点，第一断路器或进线套管的维护管理责任由双方协商确定。

3）35 kV 及以上高压供电的，以用户界外或用户变电站外第一基电杆为分界点，第一基电杆属供电局。

4）采用电缆供电的，本着便于维护管理的原则，由供电局与用户协商确定。

5）产权属于用户的线路，以分支点或以供电局变电所外第一基电杆为分界点，第基电杆维护管理责任由双方协商确定。

（2）物业用电管理

物业用电管理关系到用户人员及设备安全，因此一定要制定和执行严格的管理制度。具体包括：

1）负责供电运行和维护人员必须持证上岗，并配备专业电气工程技术人员。

2）建立严格的配送电运行制度和电气维修制度，加强日常维护检修。

3）建立 24 h 值班制度，做到发现故障，及时排除。

4）保证公共使用的照明灯、指示灯、显示灯和园艺灯等的良好状态。

5）停电、限电提前出安民告示，以免造成经济损失和意外事故。

6）对临时施工工程及住户装修要有用电管理措施。

7）对电表安装、抄表、用电计量及公共用电进行合理分配。

8）发生特殊情况，如火灾、地震、水灾时，要及时切断电源。

9）禁止乱拉接供电线路，严禁超载用电。的确需要，必须取得主管人员的书面同意。

10）建立各类供电设备档案，如设备信息卡等。

（3）变配电室管理

1）配电室全部机电设备由机电班负责管理和值班，无关人员禁止进入配电室。

2）保持良好的室内照明和通风，室温控制在35℃以下。

3）建立运行记录，每班至少巡查一次，每月组织检查一次，每年大检修一次。

4）供电线路操作开关设明显标志，停电检修，挂标志牌。

5）房内严禁乱拉接线路，供电线路严禁超载供电。

6）配电房内设备及线路改变，要经过上级主管部门同意。

7）减少电能消耗，降低成本，是每个机电管理人员的主要职责之一，每周书面报告管理处主管人员总电表运行数据。

8）严禁违章操作，检修时必须遵守操作规程。

9）值班人员要随时接受对机电设备情况的投诉，做好记录并向班长汇报，以便整改。

10）防止小动物进出配电房。

2. 安全用电操作管理

物业公司管理人员要具备安全用电常识，并对用户进行安全用电教育与培训，一般应注意：判断电线或用电设备是否带电，必须用试电器（或测电笔等），绝不允许用手去触摸；在检修电气设备或更换熔体时，应切断电源，并在开关处挂上“严禁合闸”的牌子；不要用湿手去摸开关、插座、灯头等，也不要用湿布去擦灯泡；在电力线路附近，不要安装收音机、电视机的天线，不放风筝；不要在带电设备周围使用钢板尺；严禁用铜丝代替熔丝；发现电线或电气设备起火，应迅速切断电源，在带电状态下，绝不能用水或泡沫灭火器灭火；雷雨天尽量不外出，遇雨时不要在大树下躲雨或站在高处，而应就地蹲在低洼处，并尽量将双脚并拢。

3. 物业照明设备的管理

对照明系统视情况每周或每月进行一次巡查，主要是沿线巡视，查看线路有无明显问题，如导线破皮、相碰、断线、烧焦和放电等。尤其在气候突变或节假日期间要适当增加巡查次数，对容易受到外界机械损伤的部位要设置保护措施。另外，结合电气设备的定期检修，对线路上的接头进行重点检查。照明装置故障主要有以下三种：

（1）短路

照明线路发生短路时，由于短路电流很大，若断路器不能及时断开，可能烧毁电线或电气设备，甚至引起火灾。造成的原因：一般由接线错误而引起相线与中线直接相连；因接触不良而导致接头之间直接短路；因接线柱松动，而引起连线；电器用具内部绝缘损坏，致使导线碰触金属外壳引起短路；房屋失修漏水，或室外灯具日久失修，造成灯头或开关受潮，绝缘不良，相通短路；导线受外力损伤，在破损处相连、同时接地等。

（2）断路

引起照明线路断路的原因，主要是导线断落、线头松脱、开关损坏、熔丝熔断、导线受损伤而折断，以及接线端子受振动松脱等。

（3）漏电

主要是由于电线或电气设备因外力损伤或长期使用，绝缘材料发生老化；或受到潮气侵袭或被污染导致绝缘不良而引起漏电。照明线路发生漏电时，不但浪费电力，更重要的可能会引起电击事故。漏电与短路仅是程度上的差别，严重的漏电即会造成短路。因此，对漏电切不可漠然视之，所以要定期检查照明线路的绝缘情况，尤其是当发生漏电现象后，应立即查找故障点及漏电原因，对症处理及早消除隐患。

4. 建筑供配电设备的维护

供配电设备设施保养维护的目的是，消除事故隐患，防止供电设备设施出现较大故障，以减少不必要的经济损失。应按照《机电设备管理工作条例》中的规定，定期对设备设施进行养护。养护的重点对象是低压配电柜和变压器，通常每半年一次，具体养护内容请自行查阅相关制度。

第3节 建筑给水排水系统

一、建筑给水系统

1. 建筑给水系统的分类

建筑内部给水系统的任务是将城镇给水管网或自备水源给水管网的水引入室内，选用适用、经济、合理的最佳供水方式，经配水管送至室内各种卫生器具、用水嘴、生产装置和消防设备，并满足用水点对水量、水压和水质的要求。建筑给水排水系统是一个冷水供应系统，按用途基本上可分为三类：

（1）生活给水系统

供民用建筑和工业建筑内的饮用、烹调、盥洗、洗涤和沐浴等生活上的用水。要求水质必须符合国家规定的饮用水标准。

（2）生产给水系统

因生产工艺不同，生产给水系统种类繁多，主要用于生产设备的冷却、原料洗涤和锅炉用水等。生产用水对水质、水量、水压及安全方面的要求由于工艺不同，差异很大。

(3) 消防给水系统

供层数较多的民用建筑、大型公共建筑及某些生产车间的消防设备用水。消防用水对水质要求不高，但必须按建筑防火规范保证有足够的水量与水压。

根据具体情况，有时将上述三类基本给水系统或其中两类基本给水系统合并成生活—生产—消防给水系统、生活—消防给水系统、生产—消防给水系统。

2. 建筑内部给水系统的组成

建筑内部给水系统由下列各部分组成：

(1) 引入管

对一幢单独建筑物而言，引入管是室外给水管网与室内管网之间的联络管段，也称进户管。对于一个工厂、一个建筑群体、一个学校区，引入管系指总进水管。

(2) 水表节点

水表节点是引入管上装设的水表及其前后设置的阀门、泄水装置等的总称。阀门用于关闭管网，以便修理和拆换水表；泄水装置用于检修时放空管网、检测水表精度及测定进户点水的压力值。水表节点形式多样，选择时应根据用户用水要求及所选择的水表型号等因素决定。

分户水表设在分户支管上，可只在表前设阀，以便局部关断水流。为了保证水表计量准确，翼轮式水表与阀门间应有 8 ~ 10 倍水表直径的直线段，其他水表应有约 300 mm 直线段，以使水表前的水流动平稳。

(3) 管道系统

管道系统是指建筑内部给水的水平或垂直干管、立管、支管等。

(4) 附件

附件指管路上的各式阀类及各式水龙头、仪表等。

(5) 升压和储水设备

在室外给水管网压力不足或建筑内部对安全供水、水压稳定有要求时，需设置各种附属设备，如水箱、水泵、气压装置、水池等升压和储水设备。

(6) 室内消防设备

按照建筑物的防火要求及规定需要设置消防设备时，一般应设消火栓消防设备。有特殊要求时，另专门装设自动喷水灭火设备或水幕灭火设备等。

3. 常用建筑给水方式

建筑室内给水系统的给水方式根据用户对水质、水压和水量的要求，室外管网所能提供的水质、水量和水压情况，卫生器具及消防设备等用水点在建筑物内的分布情况，以及用户对供水安全要求等条件来确定。常用的室内给水方式主要有以下几种：

（1）直接给水方式

直接给水方式是水经引入管、给水干管、给水立管和给水支管由下向上直接供到各用水或配水设备，中间无任何增压设备、储水设备，水的上行完全是在室外给水管网的压力下工作。这种供水方式的特点是构造简单、经济、维修方便，水质不易被二次污染；但这种供水方式对供水管网的水压要求较高，而且由于重力的作用，不同楼层的出水水压也不同。该方式适用于低层或多层建筑。

（2）设置升压设备的给水方式

设置升压设备的给水方式目前应用最广的水泵—水箱联合给水方式。水泵向高位水箱供水，水箱的水靠重力提供给下面楼层用水。水箱采用液位自动控制，可实现水泵启停自动化。即当水箱中的水用完时，水泵启动供水；水箱充满后，水泵停止运行。这种方式供水可靠性高，但缺点是由于设置了储水池、水箱等设施，水易被二次污染。

（3）分区供水的给水方式

高层建筑由于建筑层数多，给水系统必须进行竖向分区，由此避免建筑物下层的管道设施压力过高。

（4）变频调速恒压供水方式

从保障用水安全和降低管理成本的角度看，物业实行水池转供水的方式将被淘汰。目前的发展趋势是利用变频给水设备直接从市政供水管网中抽吸水，这种设备根据管网压力的变化自动控制变频器的输出频率，调节水泵电机的转速，使管网的压力恒定在设定的压力值上，无论用户用水量大或小，管网的压力始终保持恒定，这种供水方式称为恒压供水。

二、建筑排水系统

1. 排水系统的分类

建筑内部排水系统的任务是将建筑内生活、生产中使用过的水收集并排放到室外的污水管道系统，可以分为三类：

（1）生活排水系统

生活排水系统用于排除居住、公共建筑及工厂生活间的盥洗、洗涤和冲洗便器等污废水。生活排水系统可以进一步分为生活污水排水系统和生活废水排水系统。

（2）工业废水排水系统

工业废水排水系统用于排除工艺生产过程中产生的工业废水。根据污染程度，又可分为生产污水排水系统和生产废水排水系统。

（3）雨水排水系统

雨水排水系统用于收集排除建筑屋面上的雨雪水，一般用于高层建筑和大型厂房的屋面雨雪水的排除。

建筑内部排水体制是指污水和废水的分流和合流。当有中水回用要求时，室内宜采用分流制；当无中水回用且室外有污水管网和污水厂时，室内宜采用合流制。工业废水中含有大量的污染物质，应首先考虑回收利用，变废为宝，同时为减少环境污染，其排水系统宜采用分质分流制。

2. 排水系统的组成

完成的建筑内部排水系统一般由下列各部分组成：

(1) 卫生器具或生产设备受水器

卫生器具或生产设备受水器，是建筑内部排水系统的起点，用以满足人们日常生活或生产过程中各种卫生要求，并收集和排出污废水。

(2) 排水管道

排水管道包括器具排水管、横支管、立管、埋地干管和排出管。

(3) 通风管道系统

建筑内部排水系统是水气两相流动，当卫生器具排水时，需向排水管道内补给空气，以减小气压变化，使管道通畅，同时也需将排水管道内的有毒有害气体排放到屋顶上空的大气中去。

(4) 清通设备

为疏通建筑内部排水管道，保障排水通畅，常需设检查口、清扫口或埋地横干管上的检查井等。

(5) 抽升设备

工业与民用建筑的地下室、人防建筑物、地下通道等地下建筑物的污废水不能自流排至室外时，常需设水泵等抽升设备。

(6) 污水局部处理构筑物

当建筑内部污水未经处理不能排入其他管道或市政排水管网时，需设污水局部处理构筑物，如化粪池、沉淀池、中和池等。

3. 室内排水方式

建筑内部排水方式分为分流制和合流制两种。

(1) 分流制

分流制是指居住建筑和公共建筑中的粪便污水和生活废水、工业建筑中的生产污水和生产废水各自由单独的排水管道系统排除的方式。该方式适用于以下各种情况：两种污水合流后产生有毒有害气体；医院污水中含有大量致病菌或所含放射性元素超过标准；公共饮食业厨房含有大量油脂的洗涤废水；建筑中水系统需要收集原水等。

（2）合流制

合流制是指建筑中两种或两种以上的污、废水合用一套排水管道系统排除。该体制适用于以下各种情况：生产污水与生活污水性质相似；城市有污水处理厂；生活废水不需回用等。

三、建筑给水排水设备设施的维护与管理

1. 建筑室内给水系统的管理

（1）管理范围的界定

物业管理公司对给水系统管理范围的界定如下：

高层楼房以楼内供水泵房总计费水表为界，多层楼房以楼外自来水表井为界。界限以外的供水管线及设备，由供水部门负责维护与管理；界限以内至用户的供水管线及设备由物业公司负责维护与管理。

供水管线及管线上设置的地下消防井、消火栓等消防设施，由供水部门负责维护与管理，公安消防部门负责监督检查；高、低层消防供水系统，包括水泵房、管道、室内消火栓等，由物业管理公司负责维修与管理，并接受公安消防部门的监督检查。

（2）给水设备日常运行管理

物业给水管理首先要查看小区进水总水表工作是否正常，市政供水压力、水量是否足够用，用户对供水水质、水压、水量有无异常反映。

其次查看有无管道漏水现象；对水池、水箱进行经常性的维护和定期消毒，保持卫生，防止二次供水污染；每年对使用设备进行一次使用试验等。

2. 建筑排水系统的管理

（1）管理范围的界定

小区及室内排水系统由物业管理公司负责维护与管理，道路和埋设在道路下的市政排水设施由市政工程管理部门负责维护与管理。住宅小区内各种地下设施的检查、井盖的维护与管理，由地下设施检查井的产权单位负责，有关产权单位也可委托物业公司进行维护与管理。

（2）排水设备日常运行管理

排水设备的日常管理包括：定期对排水管道进行养护、清通；定期检查排水管道、阀门等是否有生锈和渗透现象；室外排水沟渠应定期检查和清扫，清除淤泥和杂物等。

3. 建筑给水排水主要设备设施的管理

建筑给水排水系统中，主要的设备设施有水泵、水池、各种管道等，在日常管理中应注意这些设备设施的保养与维护。

第4节 电梯系统

一、电梯系统概述

电梯是指由动力驱动，利用沿刚性导轨运行的箱体或者沿固定线路运行的梯级（踏步），进行升降或者平行运送人或货物的机电设备，包括载人（货）电梯、自动扶梯等，如图4—4—1所示。

图4—4—1 电梯系统

按电梯的结构，可以将电梯分解为机械部分和电气部分；也可以按电梯的功能系统，将电梯分解为曳引系统、导向系统、门系统、轿厢系统、重量平衡系统、电力拖动系统、电气控制系统和安全保护系统等。

二、电梯的主驱动系统

对电梯的主要驱动系统来说，不管其是交流驱动系统还是直流驱动系统，主要都是由四个部分组成，如图4—4—2所示。

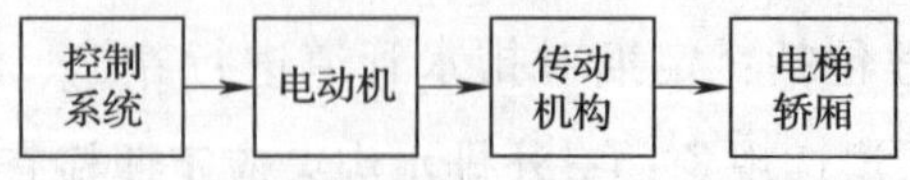

图4—4—2 电梯的主驱动系统的组成

其中，电梯轿厢是电梯主驱动控制的对象和目标，传动机构是电梯的机械传动装置，电动机是电梯主驱动的主要动力设备，控制系统是电梯主驱动系统的电气控制部分。电梯的主驱动系统对电梯的启动加速、稳速运行、制动减速起着控制作用。驱动系统的优劣直接影响电梯的启动和制动的加减速度、平均精度、乘坐的舒适性等指标。目前，用于电梯的主驱动系统主要有三种：交流变极调速系统、交流变压调速系统和变频变压调速系统。

三、电梯的电气自动控制系统

根据不同的用途，电梯可以有不同的载荷、不同的速度及不同的驱动与控制方式。即使相同用途的电梯，也可采用不同的操纵控制方式。但电梯不论使用何种控制方式，总是按轿厢内指令、层站召唤信号要求，向上或向下启动、运行、减速、制动、停站。因此电梯的控制主要是对电梯电动机及开门机的启动、减速、停止、运行方向的控制，以及对层站召唤、轿厢内指令、安全保护等指令信号进行管理。操纵是实行每个控制环节的方式和手段。

电梯的电气控制系统分为三大类：继电器—接触器控制系统、半导体逻辑控制系统和微机控制系统。

四、电梯的安全保护措施

电梯是垂直交通运输设备，其运行速度高、行程长，因此电梯的安全可靠性至关重要。各类电梯应具有齐备的安全保护措施或保护功能，主要包括：

1. 供电系统断相、错相保护装置或保护功能。

2. 限速器—安全钳系统联动超速保护装置，限速器、安全钳动作电气保护装置，以及限速器绳断裂或松弛保护装置。

3. 撞底缓冲装置。

4. 超越上、下极限工作位置时的保护装置。

5. 层门和轿门的电气联锁装置应做到：电梯正常运行时应不可能打开层门，如果一个层门开着，电梯不能启动或继续运行。

6. 验证层门紧锁电气安全装置。

7. 紧急开锁和层门自动关闭装置。

8. 动力操纵的自动门关闭时，为防止有人穿过门口被撞击或即将被撞击，应有使门自动重新开启的保护装置。

9. 紧急操作装置和停止保护装置。停电或电气系统发生故障时，应有轿厢慢速移动措施。

10. 轿顶应装设一个检修运行装置。如轿厢内、机房也设有检修运行装置，应确保轿厢顶优先。

其中的限速器、安全钳、缓冲器等属于机械安全保护装置。

五、电梯的使用管理与维护

为了确保电梯的正常安全运行，防止事故的发生，就必须重视电梯的严格管理、安全合理使用、日常维护保养等环节，制定相应的制度，并严格执行。电梯管理应配备专职的管理人员，开展管理工作；建立电梯的交接班制度和电梯房的管理制度。

1. 电梯的日常运行管理

电梯的日常运行管理主要包括巡回检查、日检、周检、月检、季检和年检，其中季检和年检必须由设备厂家的技术人员和维修人员共同进行，经过技术检查后电梯应按人力资源和社会保障局年检程序进行调整试车。

凡较长时间放置不用的电梯，应每周开启电梯，空载上下运行数次，以保证各部件灵活，防止零件锈死，避免电气设备受潮。

2. 电梯的维护保养

电梯的维护保养包括机房内维修保养、井道与轿厢部分维修保养和底坑内维修保养。

（1）机房内维修保养包括对机房内的设备，如轿厢平层标志、门锁、曳引轮、限速器及制动器等进行的维修保养工作。

（2）井道和轿厢部分的维修保养包括对重块、安全钳联动机构、轿厢固定照明及轿厢安全窗等设备的维修保养工作。

（3）底坑内维修保养包括补偿链、底坑急停开关、随行电缆、液压缓冲器及限速器张紧轮等设备的维修保养工作。

第 5 节 建筑物设备自动化系统

一、建筑物设备自动化系统概述

建筑物设备自动化系统主要承担三个层次的任务：第一个层次是设备的自动化控制，提高设备的自动化程度：第二个层次是优化设备的运行，减少设备故障带来的经济损失，降低劳动力成本；第三个层次是减少建筑物能耗，节能减排，倡导绿色建筑。

目前建筑物几乎都采用集散控制系统来进行设备自动化的控制，该系统采用高级中央处理器（CPU）的控制器（DDC），可以独立完成所有控制工作，具有完善的控制、显示功能，进行节能管理，还可以连接打印机和安装人机接口等。它们将信号用通信的方式上传给中央计算机，操作员只需在中央计算机上进行操作，就可以控制所有的设备。

建筑物设备自动化系统由三个部分组成：测量机构、控制器和执行机构，如图 4—5—1 所示。

图 4—5—1　简单的自动化系统的组成

如图 4—5—2 所示，DDC 控制器分布在建筑物的各个地点，控制本地设备的运行。设备上的传感器将信号接入 DDC 控制器的输入模块，DDC 控制器的 CPU 模块将经过处理后的信号发送给控制网络上其他节点设备。同时 DDC 控制器将控制信号输出给各个执行机构，完成调节工作。操作人员可以将指令发送到各个控制器，设备供应商，可以通过这个网络提供远程的管理服务。

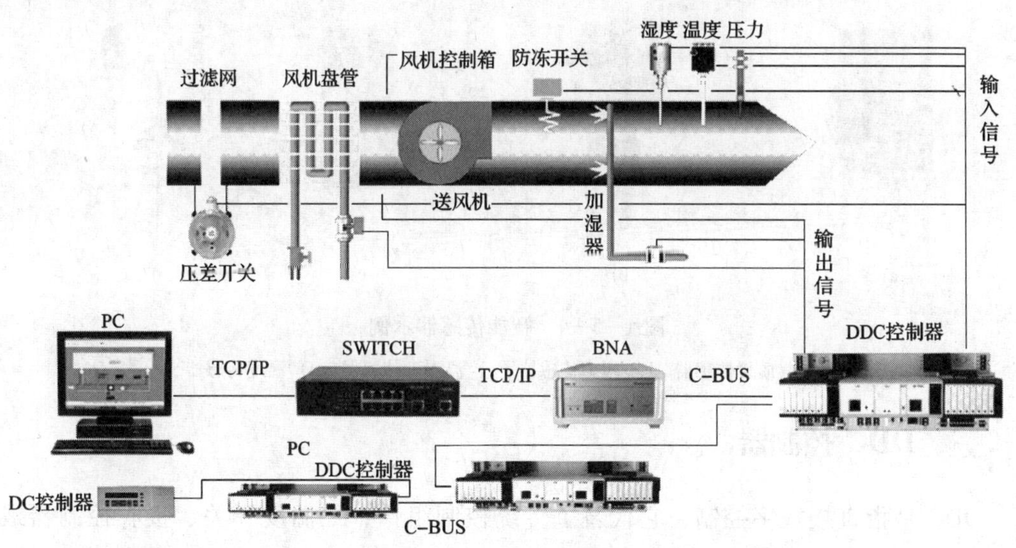

图 4—5—2　控制系统示意图

二、测量机构

测量机构由传感器或测量变送器组成。传感器的作用就是把一些非标准电信号物理量转换为电信号，如压力、流量、成分、温度和 pH 等，当然，也可以是电流、电压和功率等。一些物质和器件可以完成这个功能，如压力的测量常利用压敏或者变电容原理。可以把液体或者气体的压力用导管引入到测压室内，随着压力的变化，测压室中间的不锈钢薄壁被挤压变形，使得两个金属室壁之间的电容发生变化，我们可以用很多方法测量这个变化的电容，如振荡电路的频率变化、全臂电桥的输出电压变化等，这样就建立了一个关联变化，如图4—5—3所示。

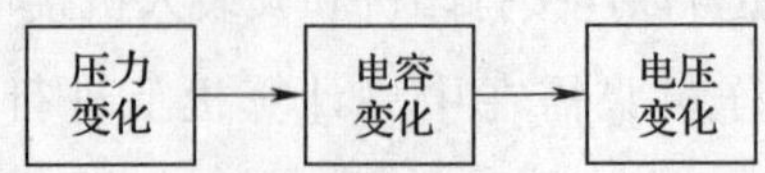

图4—5—3 压力、电容、电压关联变化示意图

随着技术的进步，现在的测量技术又加进了总线技术。比如一个成本几十元的单片机，加上一些元器件，可以感应一个房间的温湿度值，然后通过两条线，以RS-485总线方式传送给上级计算机系统，或者通过传统的方式把0~10 mA的信号传送给控制器。如果采用RS-485总线方式，那么两条电线上可以串联几十个这样的智能传感器。这样一个温湿度总线测量智能传感器，成本只要几十元，这就是技术进步带来的测量技术的进步。图4—5—4所示就是一些智能传感器。

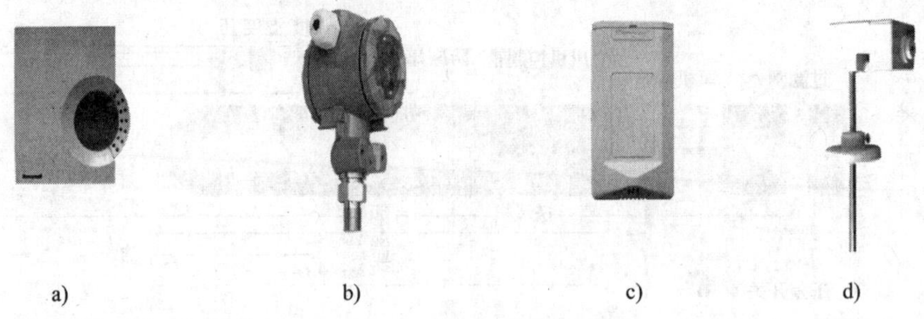

图4—5—4 智能传感器示例

a）空气质量传感器 b）压力传感器 c）温湿度传感器 d）温度传感器

三、DDC控制器

DDC是指直接数字控制，它代替了传统控制组件，如温度开关、接收控制器或其他电子机械组件等，成为各种建筑环境控制的通用模式。DDC系统利用微信号处理器来执行各种逻辑控制功能，它主要采用电子驱动，但也可用传感器连接气动机构。

1. DDC控制器的工作原理

所有的控制逻辑均由微信号处理器控制，并以各控制器为基础完成。这些控制器接收传感器、常用触点或其他仪器传送来的输入信号，并根据软件程序处理这些信号，再输出信号到外部设备。这些信号可用于启动或关闭机器，打开或关闭阀门、风门，或按程序执行复杂的动作。

DDC 控制器是整个控制系统的核心，它的工作过程是控制器通过模拟量输入通道（AI）和数字量输入通道（DI）采集实时数据，并将模拟量信号转变成计算机可接收的数字信号（A/D 转换），然后按照一定的控制规律进行运算，最后发出控制信号，并将数字量信号转变成模拟量信号（D/A 转换），通过模拟量输出通道（AO）和数字量输出通道（DO）直接控制设备的运行。DDC 控制器如图 4—5—5 所示。

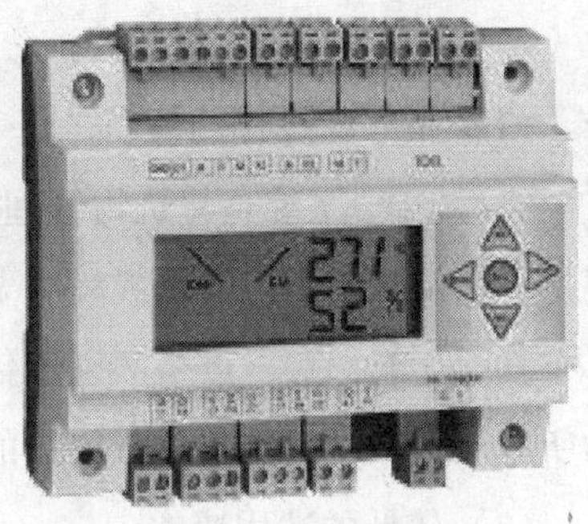

图 4—5—5　DDC 控制器

2. DDC 控制器的软件及其主要功能

DDC 控制器的软件通常包括基础软件、自检软件和应用软件三大块。其中基础软件是作为固定程序固化在模块中的通用软件，通常由 DDC 控制器生产厂家直接写在微处理芯片上，不需要也不可能由其他人员进行修改。各个厂家的基础软件基本上是没有差别的。设置自检软件和保证 DDC 控制器的正常运行，检测其运行故障，同时也便于管理人员维修。应用软件是针对各个空调设备的控制内容而编制的，因此这部分软件可根据管理人员的需要进行一定程度的修改，它通常包括以下几个主要功能：

（1）控制和实时功能

主要提供 P、PI、PID 的控制特性，有的还具备自动适应控制的功能，可对各个空调设备的控制参数及运行状态进行再设定，同时具备显视和监测功能，另外还与集中控制电脑进行各种相关的通信。

（2）报警与联锁功能

在接到报警信号后可根据已设置程序联锁有关设备的启停，同时向集中控制电脑发出警报。

（3）能量管理控制功能

主要包括运行控制、能耗记录和焓值控制的功能。

3. DDC 终端系统

一个终端系统是机械系统用于服务一单独区域的组成部分，DDC 终端系统是 DDC 的应用系统，这是应用于商业建筑的控制工业的新发展，它可提供整个建筑暖通空调系统的运行情况。

DDC 的控制水平主要取决于机器设备的形式，如 VAV 终端，其操作系统通过设置是否需加热或降温的气流温度设定点，根据气流流量设置最大或最小的流量值，操作可设定工作时间表、假日时间表、允许忽略时间等。

4. DDC系统的主要优点

(1) 很好的操作功能

终端DDC系统是建筑物管理的有力工具，它的操作系统可以方便地管理一个或多个岗位，可及时按客户要求或程序要求作出反应，DDC系统允许控制器在操作时间内同时具有其他功能，这一点是区别于传统系统的。DDC系统可以单个终端获得整个建筑操作的所有信息，这就使其具有很强的故障诊断能力。

(2) 较低的费用成本

一个设计良好的DDC系统可在能源和人力方面降低费用。由于所有区域都由中心调度和控制，因而可通过能量的转移使之不会浪费。而且，系统可自动启动或停止机械设备，使其在不必要时不运转。它还可通过操作终端自动诊断和处理许多问题，而无须维修人员亲临现场，从而省去许多费用，降低维修成本。处于不同位置的多个建筑，可由一个中心控制室统一管理和监控，而不必单独控制，从而节省了人力。

(3) 提高舒适性和无须校准

由于DDC系统比传统系统具有更高的精确度，温度可保持在更接近于设定的值，因此改善了居住环境。多数DDC系统无须校准，并能长期保持精度，因而可减少维修保养费用，而传统系统校准后就开始降低精度。

(4) 改善控制方式

DDC系统允许以更复杂的控制方式完成整栋大楼的基本管理工作，这样可减少执行费用并改善居室的舒适性。DDC系统可根据建筑各部分的实际制冷量，调节冷冻水（寒水）机组的供冷量，以达到冷却水温要求又不致过冷。当建筑冷量需求变化时，还可随之调整冷冻水（寒水）机组。

四、执行机构

控制系统接收到传感器的信号后，使用强大的运算功能对数据进行处理，最后需要对调节系统发出指令，对被控参数进行调节，执行这个调节任务的就是执行机构。执行机构是五花八门的，如调节加热功率的调功器、调整阀门开度的阀门执行器和调节风机转速的变频器等。执行机构按照控制器的要求，将相关调节通道的设备动作到要求的位置，如可控硅的导通角、阀门的开度、风机的转速。比如，我们给阀门执行机构一个5 V的信号，那么阀门执行机构就会动作，带动阀门改变开度。同时，一个铁芯也被同步带动，改变了线圈的不平衡电压。一旦不平衡电压也达到5 V，那么电动机就停止动作，也就意味着阀门目前已经到达5 V信号所对应的位置。图4—5—6所示就是一些执行机构。

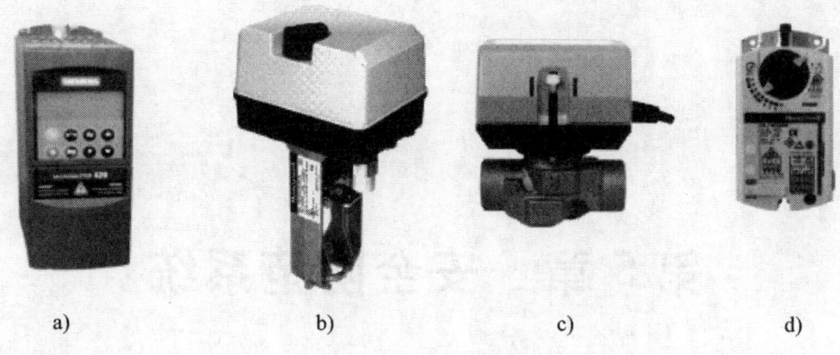

a) b) c) d)

图4—5—6 执行机构示例

a）变频器 b）执行器 c）电磁阀 d）风门执行器

思考与练习

1. 空调与通风系统主要包括哪些基本系统？

2. 简述空调冷冻水系统由哪几部分组成，空调冷却水系统由哪几部分组成。

3. 一个基本的照明系统主要由哪几部分组成？

4. 一般情况下，建筑内部给水系统由哪几部分组成？建筑内部排水系统一般由哪几部分组成？

5. 自动喷水灭火系统具有的基本功能是什么？

6. 电梯按照结构可以分为哪两部分？按照功能系统又可以分为哪几个部分？

7. 简述电梯的安全保护措施。

8. 建筑设备自动化系统主要承担着哪三个层次的任务？

9. 简述DDC控制器的工作原理和工作过程是怎样的？DDC系统的主要优点有哪些？

第 5 章　安全防范系统

第 1 节　视频监控系统

一、视频监控系统概述

视频监控系统是安全防范系统的重要组成部分，它是一种防范能力较强的综合系统。视频监控系统因其能给人最直接的视觉、听觉感受，以及对被监控对象的可视性、实时性及客观性的记录，因而已成为当前安全防范领域的主要手段，被广泛应用于银行、邮电、教育、海关、监狱和智能小区等领域。

1. 视频监控系统的作用

视频监控系统主要是辅助保安人员对大厦、住宅小区内的主要通道、公共场所等现场实况进行实时监视。通常情况下，多台摄像机监视楼内的公共场所，如大堂、地下停车场等重要出入口（电梯口、楼层通道等）的人员活动情况。当保安系统报警时，会联动摄像机开启并将该报警点所监视区域的画面切换到主监视器或屏幕墙上，同时启动录像机记录现场实况。

2. 视频监控系统的组成

视频监控系统主要由摄像部分、传输部分、控制部分、显示和记录部分四大块组成。

典型监控系统示意图如图 5—1—1 所示。

（1）摄像部分

摄像部分是视频监控系统的前沿部分，是整个系统的“眼睛”。摄像机把监视的内容变为图像信号，传送给控制中心的监视器。摄像机是摄像头和镜头的总称。感光传感部件是摄像头的关键部分，它是利用光电原理，摄取景物并配合监视器显像。目前主要使用的是 CCD 和 CMOS 两种半导体成像器件。

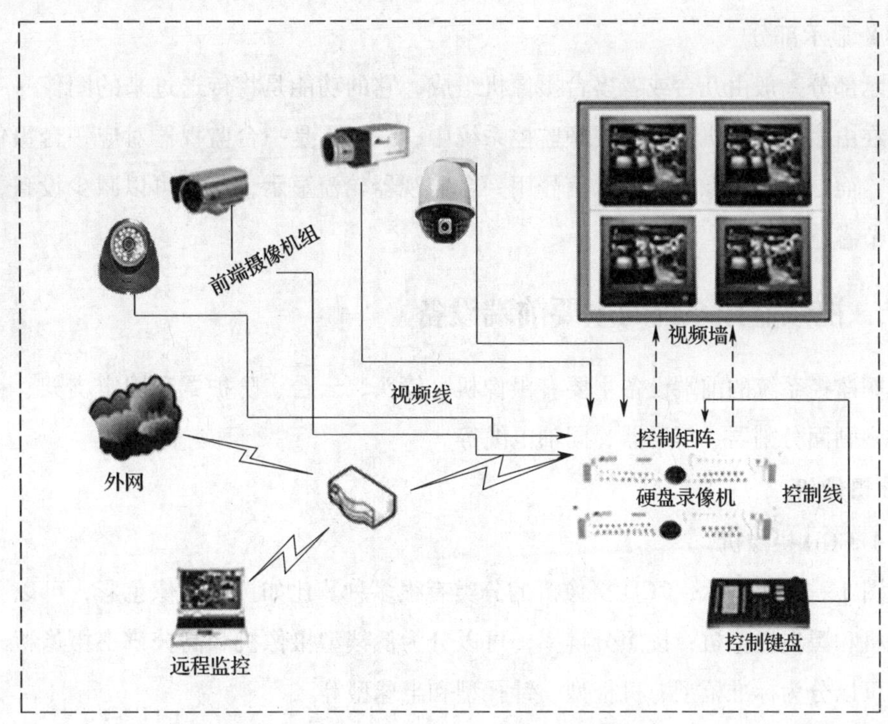

图 5—1—1　典型监控系统示意图

（2）传输部分

传输部分就是系统的图像信号通路，一般来说，传输部分单指传输图像信号。但有些系统中除图像外还要传输声音信号，同时，由于需要由控制中心通过控制台对摄像机、镜头、云台、防护罩等进行控制，因而在传输系统中还包含有控制信号的传输。所以，视频监控系统中的传输部分是指所有要传输的信号形成的传输系统的总和。

在传输方式上，目前多半采用视频基带传输方式。在摄像机距离控制中心较远的情况下，也有采用射频传输方式或光纤传输方式的。

（3）控制部分

控制部分是整个系统的“心脏”和“大脑”，是实现整个系统功能的指挥中心，控制部分主要由总控制台组成。总控制台的主要功能有：视频信号的放大与分配、图像信号的校正与补偿、图像信号的切换、图像信号的记录、摄像机及其辅助部件的控制等。在上述各部分中，对图像质量影响最大的是放大与分配、校正与补偿、图像信号的切换三部分。

有的总控制台上设有多画面分割器，例如四画面、九画面、十六画面等。也就是通过这个设备，可以在一台监视器上同时显示四个、九个、十六个摄像机送来的各个被监视场所的图像，并用一台录像机进行记录。

(4) 显示部分

显示部分一般由几台或者多台摄像机组成，它的功能是将传送过来的图像一一显示出来。在由多台摄像机组成的视频监控系统中，一般不是一台监视器对应一台摄像机进行显示，而是几台摄像机的图像信号用一台监视器轮流显示，这样可以减少设备，同时也可以节省空间。

二、视频监控系统的主要前端设备

视频监控系统的前端设备主要有摄像机、镜头、云台、防护罩和固定支架、视频监视器、多画面分割器、解码器、同轴电缆等。

1. 摄像机

(1) CCD 摄像机

如图 5—1—2 所示，CCD 摄像机的分类有很多种。比如按照成像色彩，可以分为彩色摄像机和黑白摄像机；按照分辨率，可以分为低档型摄像机和高分辨率摄像机；按照外观，可以分为标准枪型、机板型、针孔型和半球型等。

CCD 摄像机的主要技术指标有尺寸、像素、水平分辨率、最小照度、信噪比、视频输出、扫描方式及摄像机的电源。

(2) 红外摄像机

如图 5—1—3 所示，红外摄像机就是红外线摄像机，它是采用红外光源成像的摄像机，原则上可以用于零照度的监控环境。

图 5—1—2　CCD 摄像机

图 5—1—3　红外摄像机

(3) 高速球型摄像机

如图 5—1—4 所示，高速球型摄像机是一种智能化摄像机前端，全名叫高速智能化球型摄像机或一体化高速智能球，简称快球或高速球。高速球是监控系统最复杂和综合表现效果最好的摄像机前端，制造复杂、价格昂贵，能够适应高密度、极复杂的监控场合。高速球是一种集成度相当高的产品，集成了云台系统、通信系统和摄像机系统。云台系统是指电机带动的旋转部分，通信系统是指对电机的控制及对图像和信号的处理部分，摄像机系统是指一体机机芯。

2. 镜头

镜头一般由许多单元的透镜组合而成，基本为凸透镜和凹透镜，凸透镜的作用是聚光成像，凹透镜的作用是散光不成像。通常把短焦距、视角大于 50°的镜头称为广角镜头，把更短焦距的镜头称为超广角镜头，同时把长焦距的镜头称为望远镜头，介于短焦和长焦之间的镜头称为标准镜头。

（1）镜头的种类

按光圈调整方式，分为手动光圈镜头和自动光圈镜头；按焦距尺寸是否可变，分为定焦镜头和变焦镜头；按镜头聚焦，分为手动聚焦镜头和自动聚焦镜头；按焦距视角大小，可分为标准镜头、远摄镜头、广角镜头和超广角镜头。

（2）选择镜头的技术指标

选择镜头的一些技术指标包括镜头的成像尺寸、镜头的分辨率、镜头焦距大小、视场角、光圈、通光量及相对孔径。

（3）定焦镜头和变焦镜头

定焦、变焦镜头的选择主要取决于被监视场景范围的大小，以及所要求被监视场景画面的清晰程度。变焦镜头是指焦平面的位置固定，而焦距可连续调节的光学系统。变焦是通过移动镜头内部的镜片，改变它们之间的相对位置实现的，这样就可以在一定范围内改变镜头的焦距长度和视角。

（4）伸缩镜头

伸缩镜头有手动伸缩镜头和自动伸缩镜头两大类。伸缩镜头由于在一个镜头内能够使镜头焦距在一定范围内变化，因此可以使被监控的目标放大或缩小，所以也常被称为变倍镜头。

3. 云台

如图 5—1—5 所示，云台是安装、固定摄像机的支撑设备，它分为固定云台和电动

图 5—1—4　高速球型摄像机

图 5—1—5　云台

云台两种。固定云台适用于监视范围不大的情况，在固定云台上安装好摄像机后可调整摄像机的水平和俯仰的角度，达到最好的工作姿态后只要锁定调整机构就可以了。电动云台适用于对大范围进行扫描监视，它可以扩大摄像机的监视范围。电动云台高速姿态是由两台执行电动机来实现的，电动机接收来自控制器的信号精确地运行定位。在控制信号的作用下，云台上的摄像机既可自动扫描监视区域，也可在监控中心值班人员的操纵下跟踪监视对象。

其实云台就是两个交流电机组成的安装平台，可以水平和垂直地运动。但是要注意，监控系统的云台有别于照相器材中的云台，照相器材的云台一般来说只是一个三脚架，只能通过手动来调节方位；而监控系统的云台是通过控制系统在远程可以控制转动和移动方向的。

4. 防护罩和支架

防护罩是监控系统中的重要组件，是保证摄像机和镜头有良好的工作环境的辅助性防护装置。防护罩一般分为两大类。一类是室内用防护罩，以装饰性、隐蔽性和防尘为主要目标，这种防护罩结构简单，价格便宜。其主要功能是防止摄像机落灰并有一定的安全防护作用，如防盗、防破坏等。另一类是室外用防护罩，这种防护罩一般为全天候防护罩，即无论刮风、下雨、下雪、高温、低温等恶劣情况，都能使安装在防护罩内的摄像机正常工作。目前，较好的全天候防护罩是采用半导体器件加温和降温的防护罩，这种防护罩内装有半导体元件，既可自动加温，也可自动降温，并且功耗较小。

支架是固定云台及摄像机、防护罩的安装部件。摄像设备安装的一般方式是，在支架上安装云台，再将带有或不带有防护罩的摄像机固定在云台上。制作支架的材料有塑料、金属等。室外支架主要考虑负载能力是否合乎要求，以及安装位置。

5. 视频监视器

监视器是视频监控系统的组成部分，是监控系统的显示部分，是监控系统的标准输出，有了监视器的显示才能观看前端送过来的图像。作为视频监控系统不可缺少的终端设备，充当着监控人员的“眼睛”，同时也为事后调查起关键性作用。

普通监视器如图 5—1—6 所示。液晶监视器如图 5—1—7 所示。

监视器与电视机、显示器的区别，从性能上主要体现为三个度，即图像清晰度、色彩还原度和整机稳定度，这是由监视器的应用要求和应用环境决定的。一方面，监视器经常需要静态图像，它必须真实地再现摄像机所拍摄到的影像信息，其中包括诸多细节，如被摄物体的局部特征等，细节不能清楚地再现，也就失去了监视的目的，这就需要监视器具有较高的图像清晰度；另一方面，由于细节通常包括颜色特征，真实地反映被摄物体的色彩特征，也是监视器的关键要求，因此监视器要具备更高的色彩还原度；此外，由于监视器通常需要长时间不间断地工作，因而对产品稳定度要求十分高。

图 5—1—6　普通监视器

图 5—1—7　液晶监视器

6. 多画面分割器

在由多个摄像机组成的视频监控系统中，通常采用视频切换器使多路图像在一台监视器上显示。这种将若干台摄像机输出图像显示于同一个监视器屏幕上，实现图像分割或画中画功能的装置称为多画面分割器。

多画面分割器的基本工作原理是采用图像压缩和数字处理的方法，把几个画面按同样的比例压缩在一个监视器屏幕上，有的还带有内置顺序切换器的功能，此功能可将各摄像机输入的全屏画面按顺序和间隔时间轮流输出显示在监视器上，并可用录像机按上述的顺序和时间间隔记录下来，其间隔时间一般是可调的。多画面分割器一般有报警输入和输出接口，可与防盗报警系统联动，报警时可调用全屏画面，产生报警输出信号，启动录像机或其他设备。

多画面分割器的主要性能如下：

（1）全压缩图像，数字化处理彩色和黑白画面，高解像度及实时更新率。

（2）四路视频输入并带有四路的环接输出，录像带重放时可实现 1/4 画面到全屏画面变焦（还原为实时全屏画面）。

（3）内置可调校时间的顺序切换器和独立的切换输出。

（4）有报警输入和输出接口，可与报警系统联动，并进行监控和导引。

（5）设置屏幕菜单编程和调用，编程简单，操作容易，人机界面友好。

（6）电子保险锁，用户可自行设定密码，被允许的操作者才能进行系统操作。

除以上主要性能之外，评价多画面分割器性能优劣的关键是影像处理速度和画面的清晰程度。

使用多画面分割器可在一台监视器上同时观看多路摄像机信号，而且它还可以用一台录像机同时录制多路视频信号。有些较好的多画面分割器还具有单路回放功能，即能选择同时录下的多路视频信号的任意一路在监视器上满屏回放。同时，多画面分割器可与视频矩阵切换系统相互使用。

7. 解码器

编码器是一种输入模拟视频信号并将它转换为数字信号格式，以进一步压缩和传输的硬、软件设备。解码器，国外称为接收器/驱动器或遥控设备，是为带有云台、变焦镜头等可控设备提供驱动电源，并与控制设备（如矩阵主机）进行通信的前端设备。通常，解码器可控制：云台的左右旋转、云台的上下俯仰、云台的扫描旋转、云台预置位的快速定位，镜头光圈大小的改变、镜头聚焦的调整等；还可以提供若干个辅助功能开关，以满足不同用户的实际需要。高档次的解码器还带有预置位和巡游功能。

三、视频监控系统的主机控制设备

视频监控系统的主机控制设备主要有硬盘录像机、视频切换器、矩阵主机和监控主机等。

1. 硬盘录像机

如图 5—1—8 所示，硬盘录像机是一种数字录像机，简称 DVR。硬盘录像机的基本功能是将模拟的视频信号转变为 JPEG、MPEG 等数字信号存储在硬盘上，并提供与录制、播放和管理节目相对应的功能。

图 5—1—8 硬盘录像机

硬盘录像机的功能主要有：实现了模拟节目的数字化高保真存储，具有全面的输入输出接口，有多种图像录制等级，具有录制/播放节目的功能。

硬盘录像机的主要技术指标有：图像的质量、图像的分辨率、图像的画质、录像的速度和监控功能。

2. 视频切换器

视频切换器是组成控制中心主控制台的一个关键设备，是选择视频图像信号的设备。简单地说，将几路视频信号输入，通过对其控制，选择其中一路视频信号输出。

切换器有手动切换和自动切换两种工作方式。手动方式是想看哪一路就把开关拨到哪一路；而自动方式是让预设的视频按顺序延时切换，切换时间可通过一个旋钮调节。

3. 矩阵切换器

矩阵切换器是一种矩阵切换主机，常常简称为矩阵主机。矩阵主机是模拟设备，主要负责对前端视频源与控制线的切换控制。简单地说，矩阵主机主要配合监视器使用，完成画面切换的功能。图 5—1—9 所示即为一个矩阵主机。

图 5—1—9　矩阵主机

在多路摄像机组成的视频监控系统中，一般没必要用与摄像机数量一样的监视器一一对应显示各路摄像机的图像信号。如果这样，则成本高，操作不方便，容易造成混乱，所以一般都是按一定的比例用一台监视器轮流切换显示几台摄像机的图像信号。

矩阵主机的原理是，利用芯片内部电路的导通与关闭进行接通与关断，并可通过电平进行控制进而完成信号的选择。矩阵主机的基本功能是，把任意的一个输入切换到任意的一个输出，把任何一个通道的图像显示在任何一个监视器上，且相互不影响，这种功能称为万能切换。有的还增加了更多的功能，如序列切换、分组切换、群组切换、图像巡迹等。此外，监视器能够任意显示多个摄像机摄取的图像信号，单个摄像机摄取的图像可同时送到多台监视器上显示。

矩阵主机是视频监控系统中的核心设备，对系统内各设备的控制均是从这里发出和控制的，因此，一个矩阵系统通常还应包括以下基本功能：视频分配放大、时间地址符号的叠加，报警器接口，可通过主机发出串行控制数据代码去控制云台、摄像机镜头等现场设备，音频同步切换矩阵可选，有控制键盘等。

4. 监控主机

监控主机是大中型视频监控系统的核心设备，它通常是将系统控制单元与视频矩阵切换器集成为一体，简称系统主机，也称为视频服务器。监控主机的任务是：实现多路视频/音频信号的选择切换，并在视频信号上叠加时间、日期、视频输入号，以及标题、监视状态等重要信息，在监视器上显示；通过通信线对指定地址的前端设备进行各种控制。但是在一些小型的视频监控系统中，则不需要使用监控主机。

四、视频监控系统的安装及接线

1. 按照系统接线的框图安装器件

图 5—1—10，为一个简单的视频监控系统的接线框图，系统的安装主要包括 4 台摄像机的安装、线路敷设、监控设备的安装、电源及保护装置的安装等。

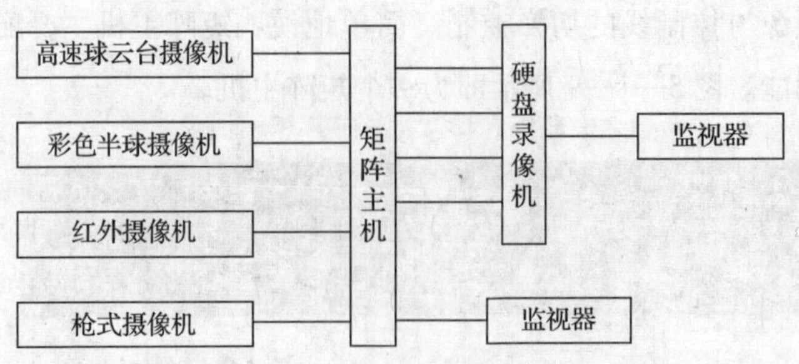

图 5—1—10　视频监控系统的接线框图

2. 视频线和 BNC 接头的制作

视频线，顾名思义是用来传输视频信号的，是用来传输视频基带模拟信号的一种同轴电缆，一般有 75 Ω 和 50 Ω 两种阻抗，还可以按照粗细分为 -3、-5、-7、-9 等型号，视频线又根据材质的不同分为 SYV 和 SYWV 两种。

BNC 接头是一种用于同轴电缆的连接器，BNC 接头有压接式、组装式和焊接式三种。制作压接式 BNC 接头需要使用专用卡线钳和电工刀，BNC 接头的制作步骤如下：

（1）剥线

同轴电缆由外向内分别为保护胶皮、金属屏蔽网线（接地屏蔽线）、乳白色透明绝缘层和芯线（信号线）。芯线由一根或几根铜线构成，金属屏蔽网线是由金属线编织的金属网，内、外层导线之间用乳白色透明绝缘物填充，内、外层导线保持同轴，故称为同轴电缆。

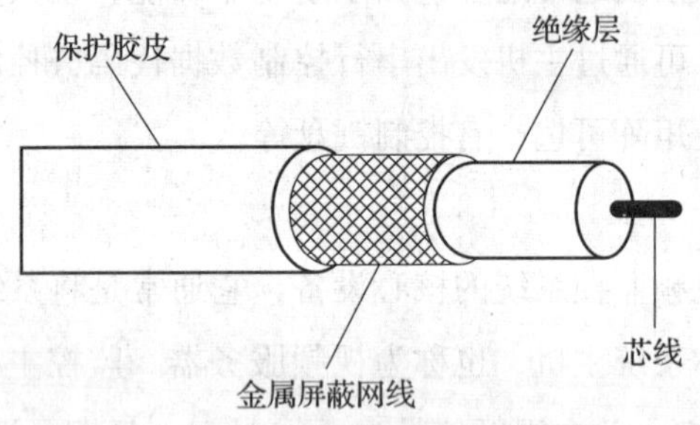

图 5—1—11　同轴电缆结构图

用小刀或者剪刀将 1 根 1 m 同轴电缆外层保护胶皮划开并剥去 1.0 cm 长的保护胶皮，不能割断金属屏蔽网的金属线，把裸露出来的金属屏蔽网理成一股金属线，再将芯线外的乳白色透明绝缘层剥去 0.4 cm 长，使芯线裸露，如图 5—1—11 所示。

（2）连接芯线

BNC 接头由 BNC 本体（带芯线插针）、屏蔽金属套筒和尾巴组成。芯线插针用于连接同轴电缆芯线，一般情况下，芯线插针固定于 BNC 接头本体中。

把屏蔽金属套筒和尾巴穿入同轴电缆中，将拧成一股的同轴电缆金属屏蔽网线穿过 BNC 本体固定块上的小孔，并使同轴电缆的芯线插入芯线插针尾部的小孔中，同时用电烙铁焊接芯线与芯线插针，焊接金属屏蔽网线与 BNC 本体固定块。

（3）压线

使用电工钳将固定块卡紧同轴电缆，将屏蔽金属套筒旋紧 BNC 本体。重复上述方法，在同轴电缆另一端制作 BNC 接头，即视频线和 BNC 接头制作完成。

（4）测试

使用万用电表检查视频电缆两端 BNC 接头的屏蔽金属套筒与屏蔽金属套筒之间是否导通，芯线插针与芯线插针之间是否导通，若其中有一项不导通，则视频电缆断路，需重新制作。

使用万用电表检查视频电缆两端 BNC 接头的屏蔽金属套筒与芯线插针之间是否导通，若导通，则视频电缆短路，需重新制作。

3. 摄像机、矩阵主机、硬盘录像机和监视器间视频线缆的连接

摄像机、矩阵主机、硬盘录像机和监视器间视频线缆的连接如图 5—1—12 所示。

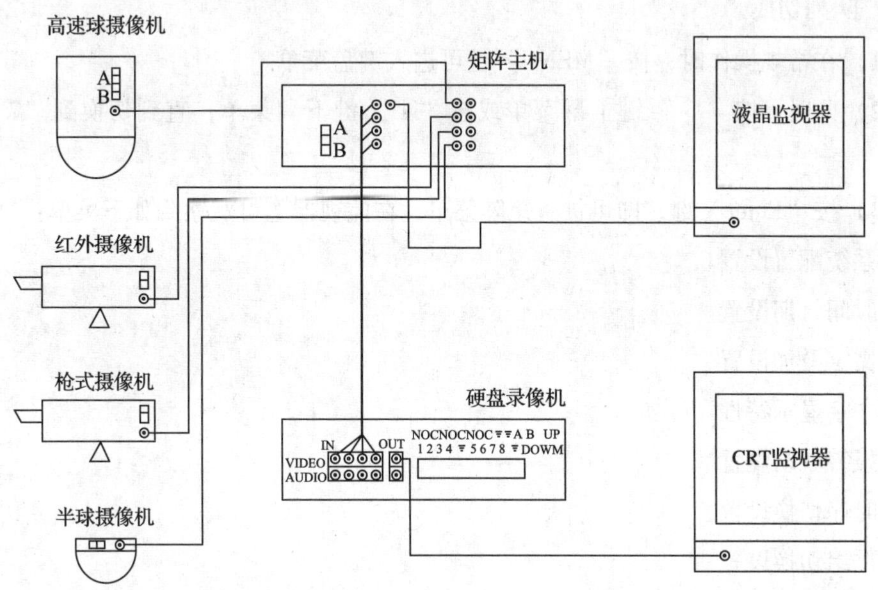

图 5—1—12　摄像机、矩阵主机、硬盘录像机和监视器间视频线缆的连接

（1）视频线的连接

高速球云台摄像机的视频输出连接到矩阵主机的视频输入 1，枪式摄像机的视频输出连接到矩阵主机的视频输入 2，红外摄像机的视频输出连接到矩阵主机的视频输入 3，半球摄像机的视频输出连接到矩阵主机的视频输入 4。

矩阵主机的视频输出 5 连接到液晶监视器的输入 1，矩阵的视频输出 1 ~ 4 对应连接到硬盘录像机的视频输入 1 ~ 4。

硬盘录像机的输出连接到监视器的视频输入 1。

（2）视频电源的连接

高速球云台摄像机的电源为 AC 24 V，枪式摄像机、红外摄像机、半球摄像机的电源为 DC 12 V，矩阵、硬盘录像机、监视器的电源为 AC 220 V。

（3）控制线的连接

高速球云台摄像机的云台控制线连接到矩阵的 PTZ 中的 A（+）、B（-）。

五、视频监控系统的调试操作

1. 矩阵切换

（1）按数字键“5” - “MON”，即可切换到通道 5 的输出。

（2）按数字键“2”-“CAM”，即可切换输入通道 2 的输出。

注意：上述操作需将矩阵主机输出 5 连接到液晶监视器的输入 1。

2. 队列切换

（1）在常规操作时，按“MENU”键可进入键盘菜单。

（2）此时可按“↑”键上翻菜单或按“↓”键下翻菜单，直到切换到“7 矩阵菜单”。

（3）按“Enter”键，即可进入矩阵菜单，在监视器上可观察到如下菜单：

1 系统配置设置

2 时间日期设置

3 文字叠加设置

4 文字显示特性

5 报警联动设置

6 时序切换设置

7 群组切换设置

8 群组顺序切换

9 报警记录查询

0 恢复出厂设置

（4）按“↑”键或按“↓”键将菜单前闪烁的“►”切换到“6 时序切换设置”。

（5）按“Enter”键，即可进入队列切换编程界面，如下所示：

视频输出01　　　　　驻留时间02

视频输入

01 = 0001　09 = 0009　17 = 0017　25 = 0025

02 = 0002　10 = 0010　18 = 0018　26 = 0026

03 = 0003　11 = 0011　19 = 0019　27 = 0027

04 = 0004　12 = 0012　20 = 0020　28 = 0028

05 = 0005　13 = 0013　21 = 0021　29 = 0029

06 = 0006　14 = 0014　22 = 0022　30 = 0030

07 = 0007　15 = 0015　23 = 0023　31 = 0031

08 = 0008　16 = 0016　24 = 0024　32 = 0032

（6）按“↑”键或按“↓”键将切换闪烁的“▶”，表示当前修改的参数，通过输入数字并按“Enter”键完成相应的参数修改，最后将其内容修改，如下所示：

视频输出05　　　　　驻留时间05

视频输入

01 = 0001　09 = 0000　17 = 0000　25 = 0000

02 = 0003　10 = 0000　18 = 0000　26 = 0000

03 = 0002　11 = 0000　19 = 0000　27 = 0000

04 = 0004　12 = 0000　20 = 0000　28 = 0000

05 = 0003　13 = 0000　21 = 0000　29 = 0000

06 = 0004　14 = 0000　22 = 0000　30 = 0000

07 = 0001　15 = 0000　23 = 0000　31 = 0000

08 = 0002　16 = 0000　24 = 0000　32 = 0000

（7）按“DVR”键，返回到矩阵菜单。

（8）按“DVR”键，退出矩阵菜单。

（9）连续按“Exit”键两次，退出设置菜单。

（10）按“SEQ”键，即可在输出通道5执行队列切换输出。

（11）按“Shift”＋“SEQ”键，即可停止该队列。

3. 云台控制

（1）按“5”－“MON”键，切换到通道5输出。

（2）按“1”－“CAM”键，切换到输入的摄像机1。

注意：这里需要高速球云台摄像机的地址为1，通信协议为Pelco－d，波特率为2 400。

（3）控制矩阵的摇杆，即可控制高速球摄像机进行相应的转动。

（4）按“Zoom Tele”键或“Zoom Wide”键即可实现镜头的拉伸。

（5）使用摇杆和矩阵键盘切换到高速球需监视的预置点 1。

（6）按“1”输入预置点号“1”，并按“Shift” + “Call”键，设置智能球机的预置点。

（7）同样，参考步骤（5）、（6）的内容，设置其他的预置点 2、3、4。

（8）预置点的调用，按“1” - “CALL”即可切换到预置点 1，同样可切换到预置点 2、3、4。

4. 高速球云台摄像机的控制

（1）本操作中，高速球已经连接到硬盘录像机，且高速球解码器的地址为 3，通信协议为 Pelco - d，波特率为 2 400。

（2）在硬盘录像机上，登录系统后，依次进入“主菜单”→“系统设置”→“云台控制”界面，并设置如下参数。通道：1；协议：DAHUA；地址：1；波特率：9 600；数据位：8；停止位：1；校验：无。使用鼠标左键单击“保存”按钮，保存设置的参数，单击鼠标右键退出参数设置系统，如图 5—1—13 所示。

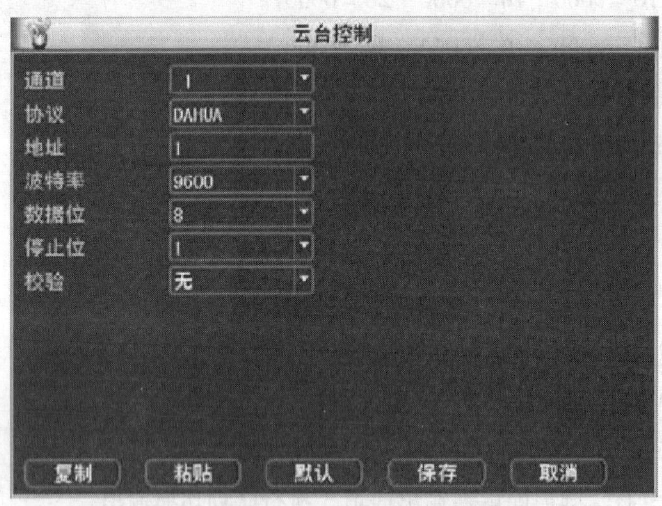

图 5—1—13　云台控制参数设置界面

（3）将监视器的显示界面切换到高速球云台摄像机的监控图像。

单击鼠标右键，并选择右键菜单的“云台控制”，进入云台控制界面，如图 5—1—14 所示。

（4）使用鼠标左键单击云台控制界面的“上、下、左、右”即可控制高速球云台摄像机进行上、下、左、右转动。

使用鼠标左键单击“变倍”“聚焦”“光圈”的“+”和“-”，即可实现相应的操作。

单击“设置”按钮，进入“云台设置”界面，设置“预置点”“点间巡航”“巡迹”“线扫边界”等，如图5—1—15所示。

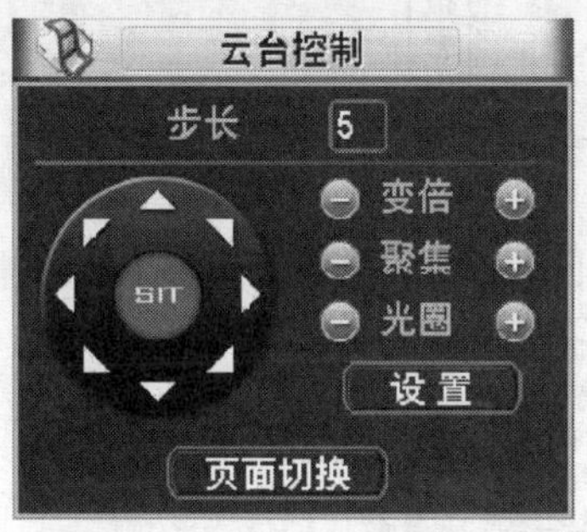

图5—1—14　云台控制界面1

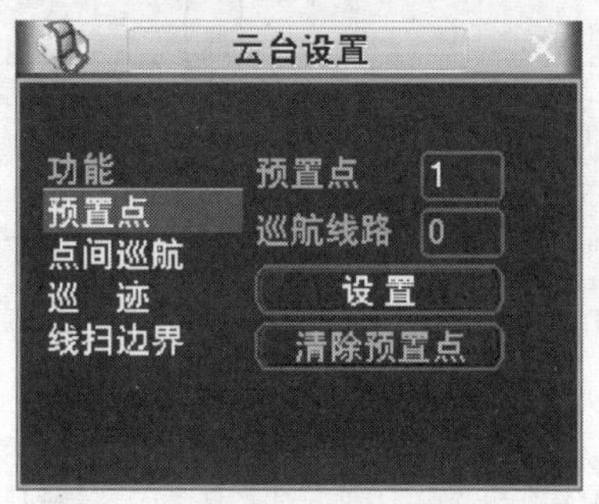

图5—1—15　云台控制界面2

(5) 预置点的设置：通过云台控制界面，转动摄像头至需要的位置，再切换到云台控制界面2，单击“预置点”按钮，在预置点输入框中输入预置点值，单击“设置”按钮保持参数设置。

(6) 预置点的调用：在预置点的输入框中输入需要调用的预置点，并单击“预置点”按钮即可进行调用。

(7) 单击鼠标右键，返回到云台控制界面1，并单击“页面切换”按钮，进入云台控制界面3，如图5—1—16所示。在云台控制界面3中，主要为功能的调用。

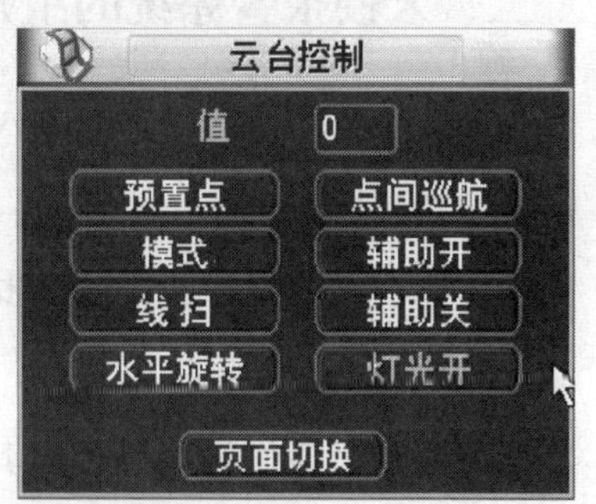

图5—1—16　云台控制界面3

第2节　入侵报警系统

一、入侵报警系统概述

入侵报警系统通常由前端设备（包括探测器和紧急报警装置）、传输设备、处理/控制/管理设备和显示/记录设备等部分构成。前端探测部分由各种探测器组成，是入侵报警系统的触觉部分，相当于人的眼睛、鼻子、耳朵、皮肤等，感知现场的温度、湿度、气味、能量等各种物理量的变化，并将其按照一定的规律转换成适于传输的电信号。操作控制部分主要是报警控制器。监控中心负责接收、处理各子系统发来的报警信息、状态信息等，并将处理后的报警信息、监控指令分别发往报警接收中心和相关子系统，如图5—2—1所示。

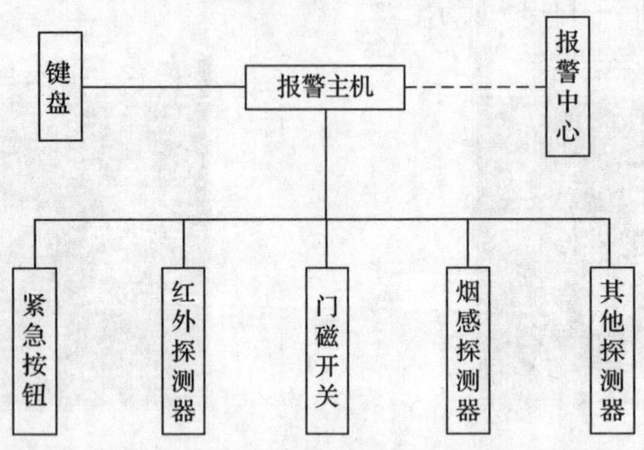

图5—2—1　入侵报警系统结构示意图

二、入侵报警系统的组建模式

根据信号传输方式的不同，入侵报警系统组建模式分为以下几种：

1. 分线制

探测器、紧急报警装置通过多芯电缆与报警控制主机之间采用一对一专线相连。

2. 总线制

探测器、紧急报警装置通过其相应的编址模块与报警控制主机之间采用报警总线（专线）相连。

3. 无线制

探测器、紧急报警装置通过其相应的无线设备与报警控制主机通信，其中一个防区内的紧急报警装置不得多于4个。

三、入侵探测器

根据所要防范的场所和区域，选择不同的报警探头。一般来说，门窗可以安装门磁开关；卧室、客厅安装红外微波探头和紧急按钮；窗户安装玻璃破碎传感器；厨房安装烟雾报警器；报警控制主机安装在房间隐蔽的地方，以便布防和撤防。报警主机可以进行编程，对报警单元的常开、常闭输出信号进行判别，确认相应区域是否有报警发生。对于小区安防和金融单位，还需要安装电话拨号器，当意外发生时，通过电话线路传送报警信息给公安、消防部门或房屋主人。

1. 常见探测器类型

（1）热感红外线探测器

任何物体因表面热度的不同，都会辐射出强弱不等的红外线。因物体的不同，其所辐射的红外线波长也有差异。热感红外线探测器即用此方式来探测人体和其他一些入侵的移动物体。当人体进入探测区域时，稳定不变的热辐射被破坏，产生一个变化的热辐射，红外传感器接收后放大、处理，并发出报警信号。由于暖气、空调等电器影响，红外传感器会产生误报，因此设备中又添加了微波探测器。

（2）微波物体移动探测器

如图 5—2—2 所示，利用高频无线电波的多普勒频移来作为侦测手段，适合于开放式空间或广场。微波是一种频率非常高的无线电波，波长很短，容易被物体反射，因此，根据入射波和反射波的频率漂移，就可以探测出入侵物体。红外微波探头是报警系统中常用的设备之一，其工作原理集红外和微波于一身。当红外和微波探测器同时有报警信号时，探头才会有报警输出，从而降低了误报的可能。红外微波探头有多种型号，对应不同的探测距离，有的探测一个扇型区域，有的探测一个狭长地段（如走廊），有的是 360°探测。一定要根据具体需要选择合适的型号，这样才能达到良好的效果。探测器的灵敏度一般是可以调节的。

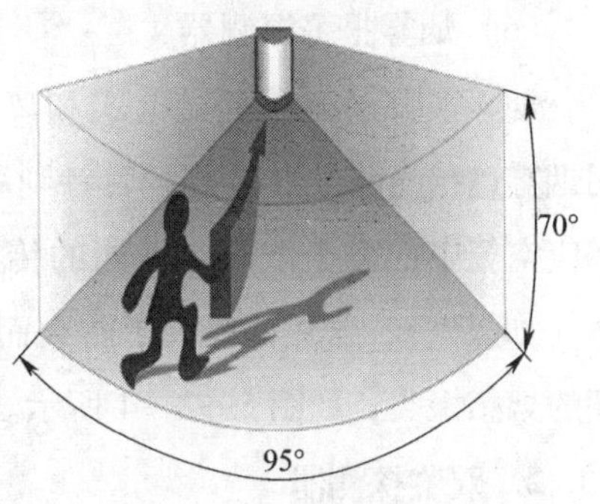

图 5—2—2　微波物体移动探测器

（3）门磁开关探测器

门磁开关是一种使用广泛、成本低、安装方便，而且不需要调整和维修的探测器。门磁开关分为可移动部件和输出部件。可移动部件安装在活动的门窗上，输出部件安装在相应的门窗上，两者安装距离不超过 10 mm。输出部件上有两条线，正常状态为常闭输出。门窗开启超过 10 mm 时，输出转换成为常开。

（4）玻璃破碎探测器

它利用压电式微音器，装于面对玻璃的位置，由于只对高频的玻璃破碎声音进行有效的检测，所以不会因为受到玻璃本身的振动而引起反应。

（5）红外对射探测器

如图 5—2—3 所示，红外对射探头是利用光束遮断方式的探测器。当有人横跨过监控防护区时，遮断不可见的红外线光束而引发警报，常安装于室外围墙以及窗户外。它总是成对使用：一个发射，一个接收。发射机发出一束或多束人眼无法看到的红外光，以形成警戒线，有物体通过时，光线被遮挡，接收机信号发生变化，放大处理后报警。

红外对射探头要选择合适的响应时间：太短容易引起不必要的干扰，如小鸟飞过、小动物穿过等；太长会发生漏报。通常以 10 m/s 的速度来确定最短遮光时间。若人的宽度为 20 cm，则最短遮断时间为 20 ms，大于 20 ms 报警，小于 20 ms 不报警。

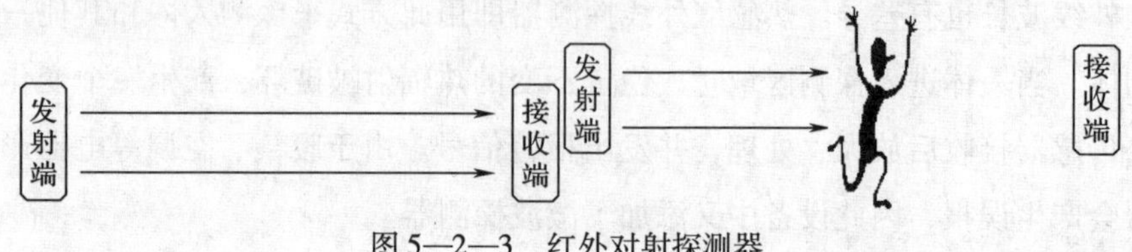

图 5—2—3　红外对射探测器

（6）烟雾报警探测器

烟雾报警探测器有光电式和离子式两种。前者利用烟雾遮挡光路发出报警；后者则利用自身的传感器，感应空气中的离子浓度。不同的传感器感知不同的气体（如煤气），常用的是为了防火而设的探测碳离子浓度的烟感探头，如图 5—2—4 所示。

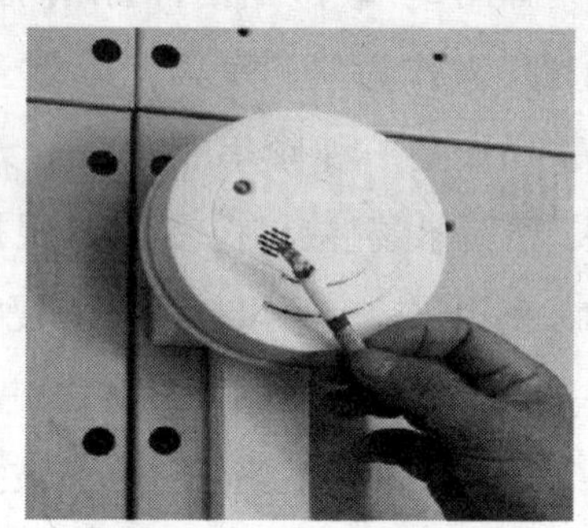
图 5—2—4　烟感触发

2. 双鉴探测器

为了克服单一技术探测器的缺陷，减低误报率，通常将两种不同技术原理的探测器整合在一起，只有当两种探测技术的传感器都探测到人体移动时才报警的探测器称为双鉴探测器。市面上常见的双鉴探测器以微波 + 被动红外居多，另外还有红外 + 空气压力探测器和音频 + 空气压力探测器等产品。

为了进一步提高探测器的性能，在双鉴探测器的基础上又增加了微处理器技术的探测器称为三鉴探测器。在三鉴探测器上再增加另一种技术的探测器称为四鉴探测器。

3. 有线和无线探测器

探测器按接线方式，主要分为有线和无线两大类。有线产品的优点是专线专用，所以报警信号传输相对稳定，不易受到外界因素的干扰。探测器供电的稳定性更能保证系统工作的可靠。缺点是明线会影响美观，布线施工工作量大，操作复杂、维修不便，需专人维护。需要提醒的是，如果是采用有线的方式，在条件许可的情况下，应尽可能多布几条备用线并在位置的确认上由专业人员来安排。

无线产品的优点是不会破坏防范区域的整体美观，安装简单，操作简便，一学就会。缺点是报警信号会受到外界因素的干扰，导致报警信号随传输距离的增大而衰减。无线探测器大多采用干电池供电，供电电压和电流的下降，也会影响探测器的探测距离和传输距离。由于供电采用的是干电池的模式，电池相对比较容易没电，而在实际使用过程中，往往不会注意到电池耗尽，从而使探测器失效，系统没有起到防护的作用，因此，建议能采用有线的情况下，尽量采用有线方案。

四、报警控制器

报警控制器又叫作警报接收与处理主机，或防盗主机、报警主机等，它是报警探头的中枢，负责接收报警信号、控制延迟时间、驱动报警输出等工作。现代的防盗主机都采用微处理器控制，内置只读存储器和数码显示装置，普遍能够通过键盘进行编程。它将某区域内的所有防盗防侵入传感器组合在一起，形成一个防盗管区，一旦发生报警，则在防盗主机上可以一目了然地反映出区域所在。

1. 报警控制器的一般功能

（1）防区输入能力

多个防区、多种防区类型。一个防区是可独立区分的，并具有一定的响应方式的防护区域。

（2）控制能力

布防（外出布防、留守布防）、撤防、防区旁路。

（3）输出能力

信号、通信。

2. 报警控制器一般功能的设定

通过键盘编程设定报警控制器的各项功能：

（1）防区编程：设定防区和防区类型，大型主机还要设定防区子系统属性。

（2）使用者编程：设定可授权使用的用户（密码、遥控装置等）。

（3）通信编程：设定通信方式、通信对象电话号码和通信格式等。

（4）其他编程：设定警号时间和联动输出等。

五、入侵报警系统的软件操作

1. 启动软件

启动PC机，在Windows界面上双击CMS7000图标，启动报警软件。启动软件后，软件首先要进行初始化，然后进入登录界面，如图5—2—5所示。

图5—2—5　启动软件

第一次登录时，管理员为系统管理员，口令为空。可以在操作员权限管理中修改登录口令，也可以在登录管理中修改当前操作员的口令。如果需要关闭每次操作的口令检查，可以在菜单“参数设置”中“系统参数设置”下选择“登录后不再检查口令”项，单击“确定保存”，如图5—2—6所示。

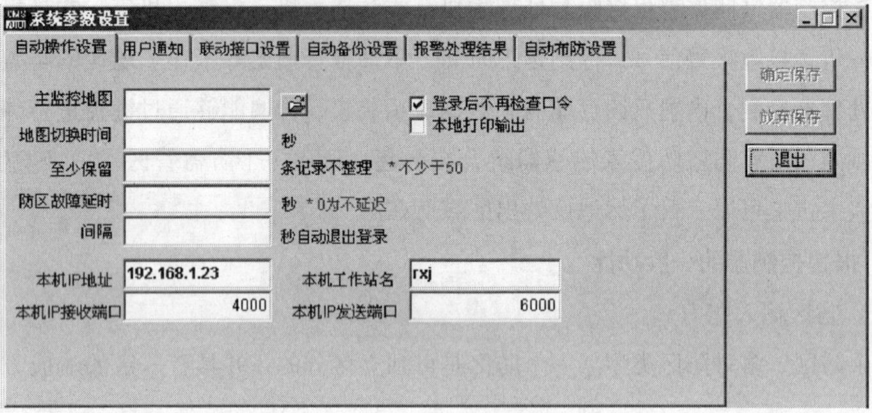

图5—2—6　系统参数设置

单击“登录”后，系统进入报警软件的主界面，如图5—2—7所示。

图5—2—7　登录界面

2. 增加报警主机并设置参数

单击工具栏上的“报警主机设置”按钮，启动报警主机管理界面，如图5—2—8所示。

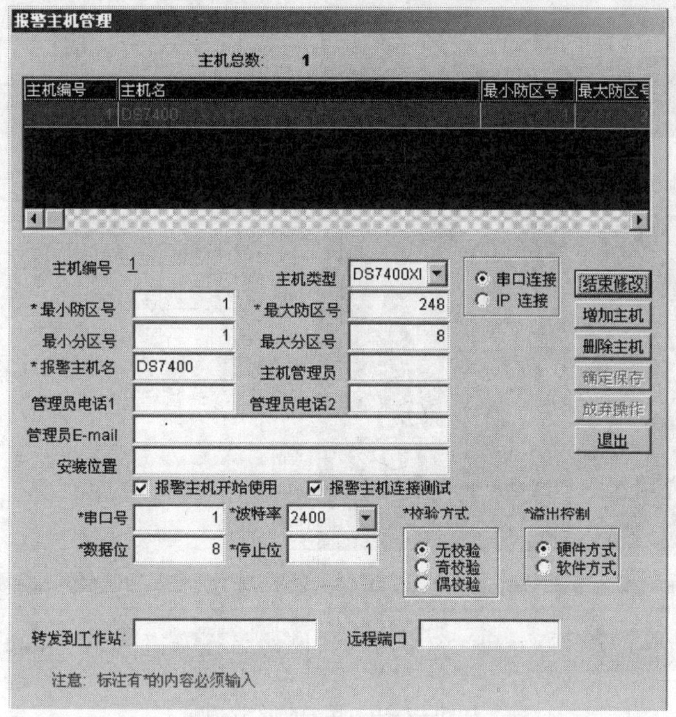

图 5—2—8　报警主机管理界面

在窗口中选择如下参数：主机类型：DS7400XI，报警主机名：DS7400（也可是其他名字），校验方式：无校验，另外把串口号修改为“1”（根据具体使用而定）。

3. 增加用户及防区

单击工具栏上的“用户防区管理”按钮，启动用户防区管理界面，如图 5—2—9 所示。

用户防区管理界面分用户定义及防区管理两部分。在第一次定义用户时，先激活用户定义（按下“开始修改”按钮），填写用户名称，然后激活用户及防区管理功能。增加用户：选择用户所属的用户组，输入用户名称及其他参数，确定保存。增加防区：选择防区所属用户，输入防区名称，选择防区类型，选择防区对应的报警主机，选择防区对应报警主机中的防区编号。

增加防区之前应确定报警主机的防区设置情况，默认状态为开路，短路触发报警；可以通过通信监控窗口观察报警触发的消息。

如果使用的防区实际属性与防区类型模板中初始设置不一致，可以先修改“防区类型设置”，然后再设置用户防区资料。修改“防区类型模板”对已经设置完的防区没有影响。

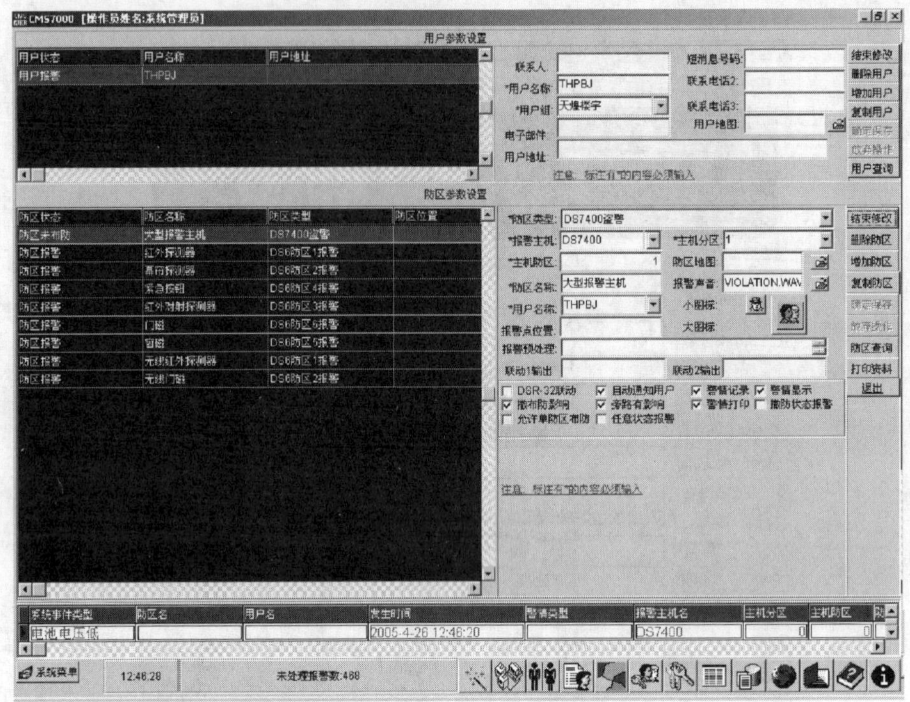

图 5—2—9　用户防区管理

第 3 节　对讲门禁系统

一、对讲门禁系统概述

视频监控系统和入侵报警系统并不能主动阻挡非法入侵，其作用主要是在遭受非法入侵后，及时发现并由人工来处理，即被动报警。对讲门禁系统则可以将没有被授权的人阻挡在区域外，主动保护区域安全。

对讲系统是智能建筑小区的基本配置，是一套现代化的小康住宅服务措施，提供访客与住户之间双向通话，加装摄像头在主机上，即可组成可视对讲系统，达到图像、语音双重识别，从而增加安全性、可靠性。

门禁系统，顾名思义就是对出入口通道进行管制的系统，它是在传统的机械门锁基础上发展而来的。楼宇对讲系统也具有门禁功能，楼宇对讲的主要功能是呼叫、通话、开锁、监视和报警等；而门禁系统只有控制进出门的功能，可以与楼宇对讲系统一起使用，组成楼宇对讲门禁系统，也可以单独使用。

二、门禁控制系统的组成

如图5—3—1所示，门禁控制系统是一个典型的计算机逻辑控制系统，由识读部分的输入设备（显示和标明身份凭证、读取身份凭证的识别装置；管理与控制部分的控制设备，包括核对身份凭证的控制单元、接收控制单元指令及输出控制信号的输出单元）和执行部分的动作设备（执行控制信号的电控锁和报警器开关）组成，用计算机管理，并使用网络通信协议将这些设备连接在一起。

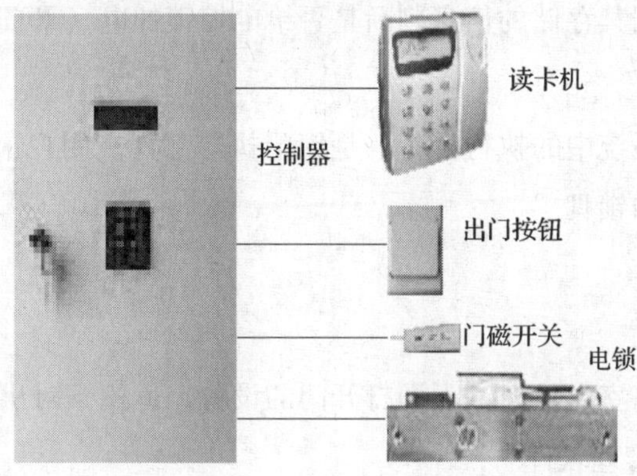

图5—3—1　门禁控制系统的组成

1. 身份标识凭证

身份标识凭证就是包含有允许进出通道身份者信息的载体，通常分为编码识别与特征识别两大类，并应用于进出门禁的人员或物品上。身份标识凭证比较典型的有卡片、密码和生物信息等。在这里，作为系统的部件更多的是指卡片，因此又称为另类开门钥匙。经常会在卡片上打印持卡人的个人照片，使开门卡、胸卡合二为一。目前这种卡片与考勤软件结合在一起，成为很多公司的首选考勤软件。

目前，身份标识凭证常用的是密码和卡片（磁卡、ID卡和IC卡）。而通过检验人员生物特征等方式来识别的生物识别技术的使用也越来越多，通常有指纹型、掌型、虹膜型和面部识别型。因人类生物特征的差异性，故生物识别的安全性最好，但识别装置的识别率受使用环境的影响较大。此外，生物识别涉及使用者的隐私，故仍存在争议。

2. 标识识别装置

标识识别装置（通常称为门禁读头）是门禁系统的输入设备，其作用是将标识码识别出来，再按一定的格式发送出去。该装置通常是与标识类型一一对应的，但也有少数可以混合识别，如指纹仪带IC卡读写模块，也有IC卡门禁读头可以识别多种类型的卡片。

标识识别装置一般有读取人工输入的密码信息的输入设备，即键盘；读取卡片中数据信息的输入设备，即读卡器；读取生物特征信息的输入设备，即生物识别仪，如指纹、面部、虹膜等。

3. 控制设备

控制设备通常是门禁控制器，俗称门禁机，它是门禁系统的核心部分，相当于计算机的 CPU，它负责整个系统的输入、输出信息的处理、储存和控制等。

控制器是门禁控制系统的关键设备，它可保存人员信息（身份标识码），当人员通过标识识别装置（刷卡或按指纹等）时，标识识别装置将标识码按一定通信方式送到控制器中，控制器则根据其存储的信息判断是否给电控锁加电（开门），同时保留记录。

4. 执行设备

电控锁就是门禁系统中的执行设备，是锁门执行部件。用户应根据门的材料、出门要求等需求选取不同的锁具。

5. 其他设备

（1）出门按钮

出门按钮是安装在室内，按一下即打开门的设备，适用于对出门无限制的情况。

（2）通信网络及管理软件

通信网络将不同的控制器及管理计算机连接起来，以便计算机实现管理。

三、门禁系统常用设备（见表 5—3—1）

表 5—3—1　　门禁系统常用设备

产品名称	产品描述	图例
读卡器	读 ID 卡，读卡速度小于 100 ms，读卡距离 3 ~ 15 cm	
感应卡门禁控制器	密码开门、感应卡开门或组合开门，有效卡容量为 10 000 张	
指纹门禁控制器	密码开门、感应卡开门、指纹开门或组合开门，具有门禁、考勤功能，有效容量为 500 个指纹	

续表

产品名称	产品描述	图例
智能卡	标准型ID感应卡	
电控锁	不锈钢锁	
出门按钮	安装在室内，强制开门	DOOR EXIT

四、楼宇对讲系统

1. 楼宇对讲系统的概念

楼宇对讲系统是在各单元口安装防盗门，小区总控中心的管理员总机、楼宇出入口的对讲主机、电控锁、闭门器及用户家中的对讲分机通过专用网络组成，以实现访客与住户对讲，住户可遥控开启防盗门。在各单元楼梯口，访客通过对讲主机呼叫住户，对方同意后方可进入楼内，从而限制了非法人员进入。楼宇对讲系统分可视对讲和非可视对讲，可视对讲由非可视对讲发展而来，就是在原非可视对讲基础上加装摄像头及摄像传输处理部分，即成为可视对讲系统。随着摄像技术的发展，摄像元器件成本的降低，可视对讲系统将慢慢全面取代非可视对讲。对讲系统适用各种机要部门，如银行、宾馆、机房、军械库、机要室、办公室、智能化小区和工厂等。

2. 楼宇对讲系统的功能

楼宇对讲系统就是一个经典的门禁系统，主要是控制、管理访客的来访过程，有效阻止非法人员接近用户，从而保障了用户的利益。楼宇对讲系统不仅具有了语音对讲、遥控开锁等功能，还集成了门铃系统的来客铃音提示功能。

3. 楼宇对讲系统的结构

如图5—3—2所示，目前市面上的楼宇对讲系统大致可以分为两个独立部分：楼内系统与联网系统。楼内系统由室内分机、楼层平台、主机（也称门口机）、电源、电锁、闭门器及连接线组成，联网系统由管理中心机、围墙机（也称小区入口机）、联网器和集线器等组成。

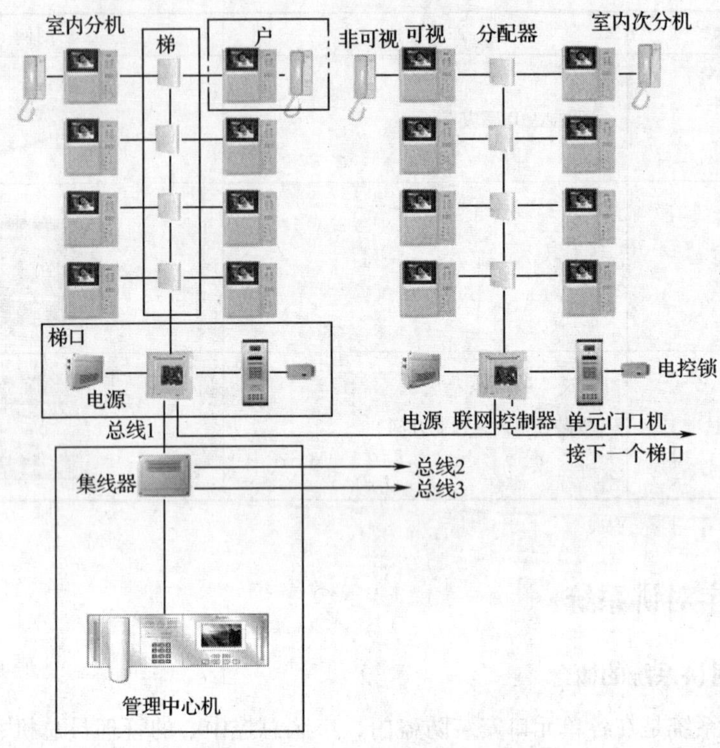

图 5—3—2 楼宇对讲系统的结构

从管理的顶级角度看，依次是管理中心机、集线器或中继器（根据情况可省略）、联网器、主机、楼层平台、室内分机、电源、电锁、闭门器等。

4. 楼宇对讲系统的三组线

一组联网线将各联网器（或直接将主机）串联起来；二组楼内主干线将所有楼层平台串联起来；三组入户线将楼层平台与室内分机连接起来。根据各个生产企业与技术要求的不同，串联的设备所使用的线材也各有不同，可根据品牌确认。

五、楼宇对讲系统常用设备（见表 5—3—2）

表 5—3—2 楼宇对讲系统常用设备

名称	产品描述	图例
管理主机	彩色对讲、接警、信息发布	

续表

名称	产品描述	图例
小区单元门口主机	装于小区各单元楼门口，访客对讲，可管理 1 ~2 000 台分机	
系统不间断电源	各主机配套供电，大楼停电时，保证主机工作	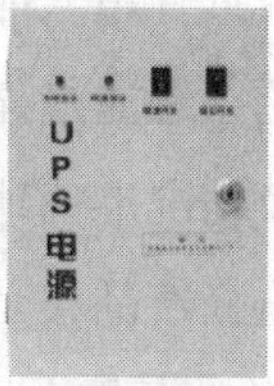
非可视分机	安装于室内，对讲、开锁、一路报警，壁挂式	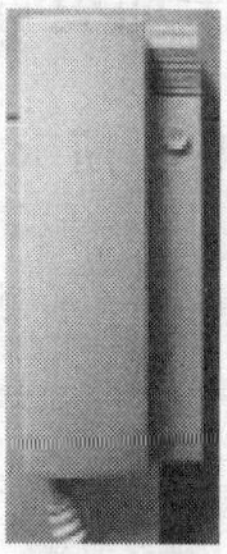
可视分机	安装于室内，黑白对讲、开锁、一路报警，壁挂式	
楼层解码器	楼层间各分机接口，检测、隔离故障，报警信号传输，每个管理 4 户	

第4节 电子巡更系统

一、电子巡更系统概述

传统的巡更是基于巡更人员手工记录完成，在需要巡更的地方安装上一个硬纸片(巡更点)，每个巡更人员到达后，在纸上记录自己到达的时间、名字及相关信息。管理人员通过检查纸片填入的信息，来考察巡更人员的工作考勤情况。

电子巡更系统通过先进的移动自动识别技术，自动将巡逻人员在巡更巡检工作中的时间、地点及情况准确地记录下来。它是一种对巡逻人员巡更巡检工作进行科学化、规范化管理的全新产品，是治安管理中一种人防与技防科学整合的管理方案，任何一种有时限和频次管理要求的场合都可以应用到它。

二、电子巡更管理系统的组成

如图5—4—1所示，电子巡更管理系统由以下四部分组成：

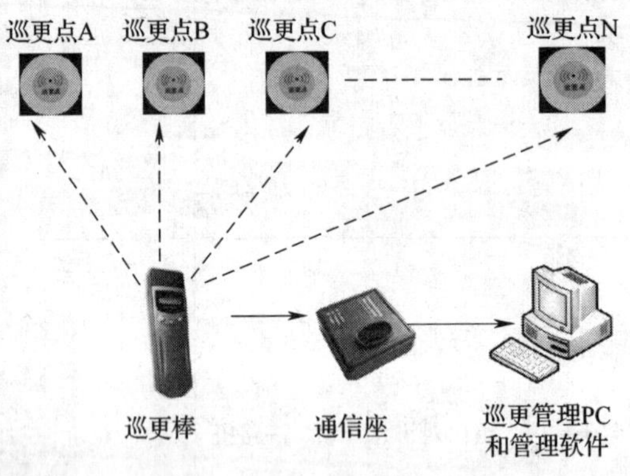

图5—4—1 电子巡更管理系统的组成

1. 巡更器

巡更器又叫数据采集器、巡更棒，由巡逻人员在巡更巡检工作中随身携带，用于将到达每个巡更点的时间及情况记录下来。

2. 巡更点

巡更点又叫信息标识器、信息钮，是安置在巡逻路线上需要巡更巡检地点的电子标识，主要存储该点的地理位置信息。

3. 通信座

通信座又叫数据下载转换器，用来将巡更器中存储的巡更数据下载到PC机上。

4. 管理软件

管理软件是用于管理整个电子巡更系统的软件。管理软件可设置巡查管理计划，巡查计划包括以下要素：巡查员、巡查点、应到巡查时间、巡查次序、允许时间误差。还可对巡查记录进行统计，并与巡查计划对照生成统计报表。

系统还配备了若干个身份识别钮，它的作用是给每个巡更人员配发一个；巡查之前先到管理中心领取巡更棒，用身份识别钮进行登记，身份识别钮主要是储存巡更人员信息。

三、电子巡更系统的类型

巡更系统分为在线通信方式和离线通信方式两种。

1. 在线式电子巡更系统

在线式一般多以共用防侵入报警系统设备方式实现，可由防侵入报警系统中的报警接收与控制主机编程确定巡更路线。每条线路上有数量不等的巡更点。巡更点可以是门锁或读卡机，视为一个防区。巡更人员在走到巡更点时，通过按钮、刷卡、开锁等手段，将以无声报警表示该防区巡更信号，从而将巡更人员到达每个巡更点的时间、巡更点的动作等信息记录到系统中，从而在中央控制室，通过查阅巡更记录就可以对巡更质量进行考核。这样，对于是否进行了巡更、是否减少巡更点、增大巡更间隔等行为均有考核的凭证，也可以以此记录来判别发案的大概时间。倘若巡更管理系统与视频监控系统结合在一起，更能检查是否巡更到位，以确保安全。

2. 离线式电子巡更系统

离线式电子巡更系统较先进，在各种不同楼层及重要地点分别安装一个内藏不同编码的信息钮，保安巡检人员持识读器按照事先规定的时间和线路进行巡查，同时用识读器触碰线路上安装的信息钮，识读器将记录到达的地点及时间。

管理人员可以将识读器中的记录信息传至微机中，在屏幕上可清晰显示巡检员的巡检地点及到达时间，根据事先确定的巡检班次和时间要求，计算机软件将自动统计出正点、误点及漏检报表，并在计算机屏幕上显示，还可通过打印机打印，为管理者提供重要的管理信息。

四、电子巡更系统常用设备（见表5—4—1）

表5—4—1　　电子巡更系统常用设备

产品名称	产品描述	图例
巡更棒	尺寸：148 mm×40 mm×20 mm，质量：200 g，材料：合金，电源：4.8 V 功能：应用背光处理技术，由双锂电支持，60 mA的工作电流下，可连续读取100万次以上；内存128 kB，可存储2 000条记录	
信息钮	ID－EM钮，工程塑料封装存储芯片，具有防水、防磁、防震功能，且坚固耐用，并内置不可修改的ID码，可隐蔽安装	
通信座	功能：与计算机通过RS－232进行串口通信，在9 600波特率的传送下，用6 V直流电源供电	
软件	电子巡更管理软件：安装于计算机上，用于设定巡逻计划、保存巡逻记录，并根据计划对记录进行分析，从而获得正常、漏检、误点等统计报表	

思考与练习

1. CCD摄像机的主要特点有哪些？
2. 同轴电缆的主要作用是什么？
3. BNC头制作步骤主要有哪些？

4. 画出视频监控系统的接线框图。
5. 高速球摄像机的云台控制基本操作有哪些？
6. 什么是对讲门禁系统？
7. 画出对讲门禁系统及室内安防系统的框图。
8. 楼宇对讲门禁系统的主要设备有哪些？
9. 简述管理中心机的工作原理。
10. 巡更管理系统的工作过程分为哪几部分？

第 6 章　火灾自动报警及消防联动系统

第 1 节　火灾自动报警及消防联动系统基础知识

一、火灾自动报警系统的构成

随着科学技术的发展和进步，火灾探测与自动报警技术、消防设备联动控制技术、消防通信调度指挥系统、火灾监控系统和消防控制中心等取得了突飞猛进的发展。目前，已逐步形成了以火灾探测与自动报警为基础，运用计算机协调控制和管理各类消防灭火、防火设备，具有一定自动化和智能化水平的火灾监控系统，即智能消防系统。

如图 6—1—1 所示，火灾自动报警系统由触发器件、火灾报警控制装置、火灾报警装置、联动控制装置和电源五部分组成。

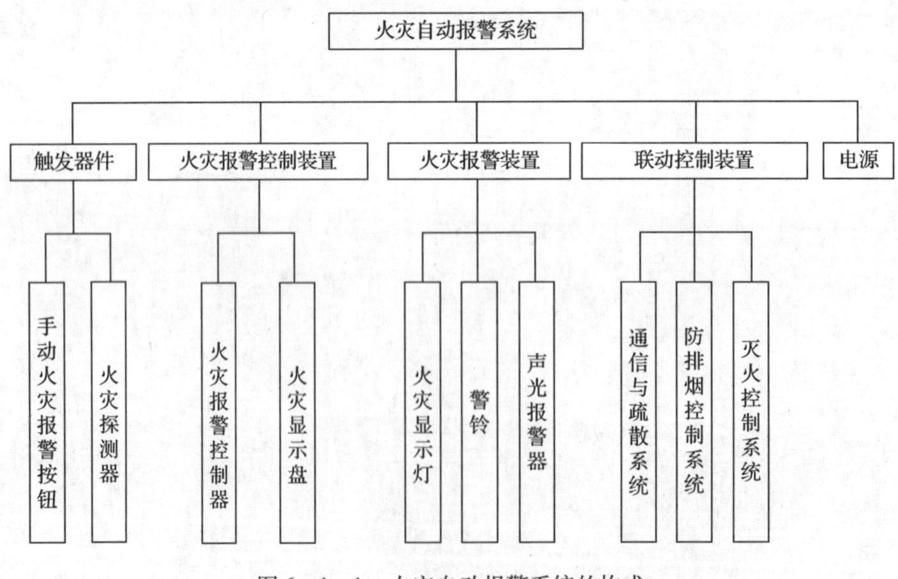

图 6—1—1　火灾自动报警系统的构成

1．触发器件

在火灾自动报警系统中，自动或手动产生火灾报警信号的器件称为触发器件，主要包括火灾探测器和手动火灾报警按钮。火灾探测器是能对火灾参数（如烟、温、光、火焰辐射、气体浓度等）进行响应，并自动产生火灾报警信号的器件。按响应火灾参数的不同，火灾探测器分为感温火灾探测器、感烟火灾探测器、感光火灾探测器、可燃气体探测器和复合火灾探测器五种基本类型。不同类型的火灾探测器适用于不同类型的火灾和不同的场所。

手动火灾报警按钮是手动方式产生火灾报警信号、启动火灾自动报警系统的器件，也是火灾自动报警系统中不可缺少的组成部分之一。

2．火灾报警控制装置

在火灾自动报警系统中，用以接收、显示和传递火灾报警信号，并能发出控制信号和具有其他辅助功能的控制指示设备称为火灾报警控制装置，如图 6—1—2 所示。火灾报警控制器就是其中最基本的一种，火灾报警控制器担负着为火灾探测器提供稳定的工作电源，监视探测器及系统自身的工作状态，接收、转换处理火灾探测器输出的报警信号，进行声光报警，指示报警的具体部位及时间，执行相应的辅助控制等诸多任务，是火灾报警系统的核心组成部分。

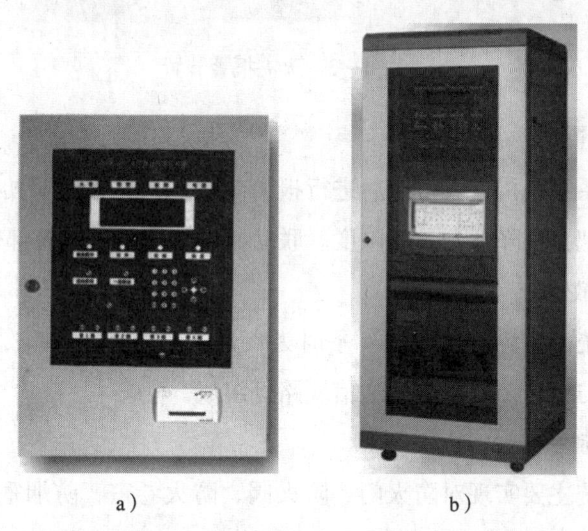

a）　　　　　　　　b）

图 6—1—2　火灾报警控制装置

a）壁挂式　b）立柜式

在火灾报警控制装置中，还有一些如火灾显示盘、区域显示器、中断器等功能不完整的报警装置。它们可视火灾报警控制器的演变或补充在特定条件下应用，与火灾报警控制器同属于火灾报警探测装置。

火灾报警控制器的基本功能主要有：主电源、备用电源自动转换，备用电源充电，电源故障监测，电源工作状态指示，为探测器回路供电，控制器或系统故障声、光报警，火灾声、光报警，火灾报警记忆，火灾报警优先故障报警，声报警、声响消声及再次声响报警等。

3. 火灾报警装置

在火灾自动报警系统中，可以发出区别于环境声、光的火灾报警信号的装置称为火灾报警装置，如图 6—1—3 所示。声光报警器就是一种最基本的火灾报警装置，它以声、光方式向报警区域发出火灾警报信号，以提醒人们安全疏散、采取灭火救灾措施等。警铃也是一种火灾报警装置，火灾发生时，它们接收由火灾报警装置通过控制模块发出的控制信号，发出有别于环境声音的声响，大多安装于建筑物的公共空间部分，如走廊、大厅等。

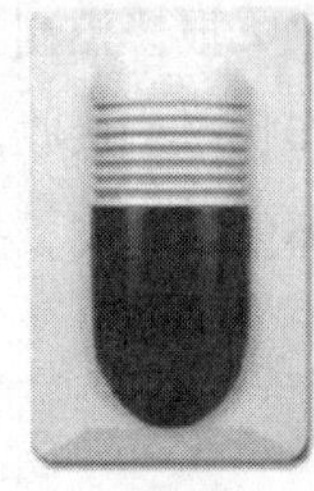

图 6—1—3　火灾报警装置

4. 联动控制装置

消防联动控制系统是指火灾发生后进行报警疏散、灭火控制等协调工作的系统，其作用是扑灭火灾，把损失降低到最小限度。联动控制系统由以下几部分组成：

（1）通信与疏散系统

通信与疏散系统由紧急广播系统（平时为背景音乐系统）、事故照明系统以及避难诱导灯、消防电梯与消防控制中心的通信线路等组成。

（2）防排烟控制系统

防排烟控制系统主要实现对防火门、防火阀、防火卷帘、防烟垂壁、排烟口、排烟风机及电动安全门的控制。当火灾发生时，还需要实现非消防电源的断电控制。

（3）灭火控制系统

它由自动喷淋装置、气体灭火控制装置、液体灭火控制装置等组成。

5. 电源

火灾自动报警系统属于消防用电设备，其主电源应当采用消防电源，备用电源一般采用蓄电池组。系统电源除为火灾报警控制器供电外，还为与系统相关的消防控制设备等供电。

二、火灾自动报警系统的类型

1. 区域报警系统

区域报警系统由区域火灾报警控制器（火灾报警控制器）和火灾探测器等组成，如图 6—1—4 所示。区域报警系统也可设置消防联动控制设备。简单的火灾自动报警系统适用于二级保护对象。

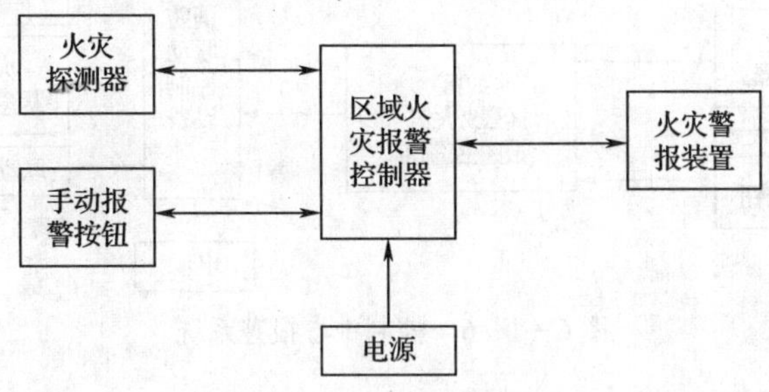

图 6—1—4　区域报警系统

2. 集中报警系统

集中报警系统由集中火灾报警控制器、区域火灾报警控制器、区域显示器（灯光显示设备）和火灾探测器组成，如图 6—1—5 所示。集中报警系统也可设置消防联动控制设备。

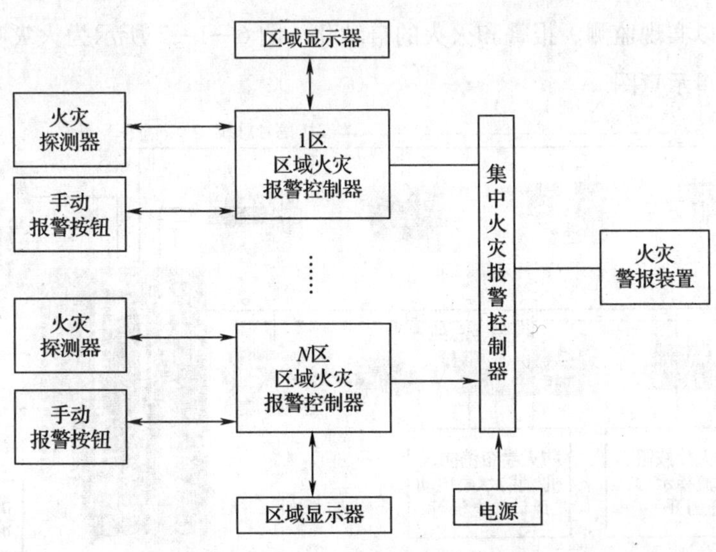

图 6—1—5　集中报警系统

3. 控制中心报警系统

控制中心报警系统由消防控制室的消防控制设备、集中火灾报警控制器、区域火灾报警控制器和火灾探测器等组成，或由消防控制室的消防控制设备、火灾报警控制器、区域显示器（灯光显示设备）和火灾探测器等组成，如图 6—1—6 所示。

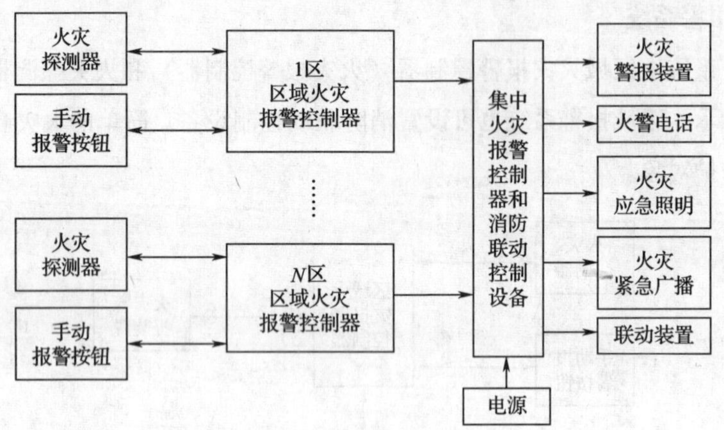

图 6—1—6　控制中心报警系统

三、火灾自动报警系统的工作原理

火灾自动报警系统中，火灾探测器是该系统的“眼睛”，火灾报警信号都是由它发出的，通过它自动捕捉探测区内火灾发生时产生的烟雾和热量，从而发出声光报警。在火灾报警控制器的控制下，灭火自动控制系统启动消防灭火设备工作，并通过消防联动控制装置控制事故照明和避难诱导灯，打开广播，引导人员疏散，同时启动消防给水和排烟设施等，以实现监测、报警和灭火的自动化。图 6—1—7 所示为火灾自动报警系统工作原理的简单示意图。

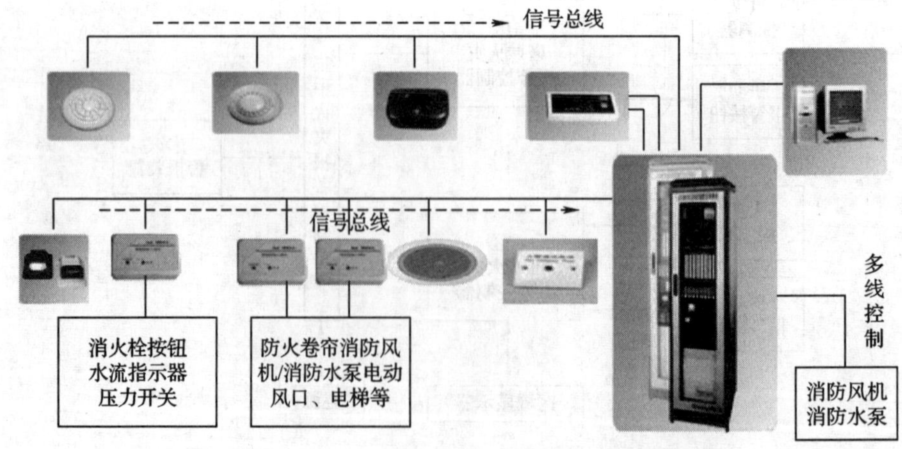

图 6—1—7　火灾自动报警系统工作原理的简单示意图

四、消防联动控制系统

消防设施的联动控制是指在确认火灾后，对消防设施所进行的控制。消防联动的控制对象有灭火设施、防排烟设施、防火门、防火卷帘、安全通道和消防电梯、火灾报警装置、应急照明、疏散指示标志及非消防电源的断电等。

1. 自动喷水灭火系统

自动喷水灭火系统是指在火灾情况下，能自动启动喷头洒水，以保障人身和生命财产安全的一种控火、灭火系统。自动喷水灭火系统是目前世界上使用最广泛的固定式灭火系统，特别适用于高层建筑等火灾危险性较大的建筑物中，具备其他系统无法比拟的优点：安全可靠、经济实用、灭火控火率高，主要分为湿式、干式、干湿交替式、预作用式和雨淋式自动喷水灭火系统，其喷淋系统主要包括水流指示器、压力开关、喷淋泵、稳压泵等设备。

2. 防排烟系统

火灾发生时产生的烟雾主要是以一氧化碳为主，这种气体具有强烈的窒息作用，对人员的生命构成极大的威胁，因此，火灾发生后应该立即启动防排烟系统的工作，将烟雾以最快的速度迅速排出，尽量防止烟雾扩散。防排烟系统的作用就是为了防止烟气对流，在安全通道、电梯前室等场所设有排烟装置，一旦发生火灾，由报警控制中心发出信号，自动启动相应的排烟风机进行排烟。通常，消防排烟系统可与空调通风系统共用管道，一旦发生火灾，消防联动控制立即关闭空调风机，同时启动排烟风机。一个防排烟系统主要的设备有正压送风机、轴流排烟机和排烟口等。

防排烟系统在整个消防联动系统中的作用非常重要。因为在火灾事故中造成的人身伤害，绝大部分是因为窒息的原因。而且燃烧产生的大量烟气如果不及时排除，还可能影响人们的视线，使疏散的人群不容易辨别方向，造成不应有的伤害，同时也影响消防人员对火场环境的观察及灭火措施的准确性，降低灭火效率。

3. 防火门及防火卷帘的控制

防火门的作用是将燃火区隔离，通常防火门被电磁锁的固定销扣住，呈开启状态，火灾时由消防监控中心发出指令后电磁锁动作，固定门的锁被解开，防火门依靠弹簧把门关闭。

防火卷帘一般设在大楼防火分区通道口处，一旦消防监控中心对火灾确认之后，通过消防控制器控制卷帘的电机转动，使卷帘下落。在防火卷帘的内外两侧都设有紧急升降按钮的控制盒，该控制盒的作用是用于火灾发生后让部分还未撤离火灾现场的人员人工按动紧急升按钮，把防火卷帘升起来，让未撤离现场的人员迅速离开现场；当人员全部安全撤离后再按紧急降按钮，使防火卷帘的卷帘落下。当然，上述这些动作也可以通过消防监控中心对防火卷帘的升降进行控制。

防火卷帘一般设置在自动扶梯的四周、电梯前室，或者商场等的大开间场所，用作防火分区的防火隔断。防火卷帘分为通道型、分区型两种，具有手动和自动控制功能。疏散通道上的防火卷帘两侧，应设置火灾探测器组及报警装置，且两侧应设置手动控制按钮。

感烟探测器动作后，卷帘下降至距地面1.8 m。感温探测器动作后，卷帘下降到底。对于分区型防火卷帘门系统，当本层内感烟探测器报警时，卷帘门降到底。

4. 安全通道和消防电梯

在发生火灾时，为避免人员因烟雾、毒气而造成伤亡，可通过安全通道（即消防楼梯）进行紧急疏散直达室外或其他安全处（避难层、屋顶平台）。

电梯是高层建筑中必不可少的纵向交通工具，而消防电梯则在火灾发生时供消防人员灭火和救人使用，故消防电梯是为保存消防人员体力、运输必要的消防器材以便能及时抢救伤员和进行灭火工作的必备工具，而且在平时也兼作普通电梯使用。在高层楼宇均设有消防电梯，发生火灾时可击碎一层的电梯报警按钮或在其他消防设备动作的情况下进行联动，专供消防人员使用，其他电梯全部迫降一层停止使用。

5. 火灾事故广播和消防电话系统

消防控制中心应设置火灾事故广播系统与消防电话系统专用设备，其作用是发生火灾时指挥现场人员进行疏散及向消防部门报警。其中消防电话系统是一种消防专用的通信系统，是与普通电话形式不同的独立系统，用于消防控制中心控制与火灾报警器设置点及消防设置机房等处的紧急电话。

消防广播系统包括消控中心内的广播设置和现场广播喇叭两部分。广播设置包括音源、话筒、前置和功放。当火警发生时，主机按照设定的程序启动紧急广播，控制器发出控制命令，使火灾层及上、下层自动切换至紧急广播。

消防电话系统主要包括电话主机、固定式电话分机、手提式电话分机和电话插孔等设备。当烟感探测器、温感探测器或者手动按钮报警时，自动启动本层及相邻层广播控制模块。

6. 消火栓系统

消火栓系统包括消火栓按钮、消防泵和稳压泵。消火栓按钮分为强电按钮和弱电按钮两种，强电按钮直接与消防泵控制箱相连，按下后，可以直接启动消防泵；弱电按钮通过总线编码方式与控制器相连。消火栓箱内包括消火栓、水带和水枪。消防栓附近一般设置消火栓按钮，按下消火栓按钮，通知消防控制中心，消防控制中心可以手动启动消防泵，也可以在联动控制器自动允许的情况下自动启动消防泵。

7. 气体灭火系统

气体灭火系统主要包括紧急启动、停止钮，声光报警器，喷洒指示灯，钢瓶驱动盘，电磁阀或电爆管。

本区内烟感探测器、温感探测器均报警或紧急启动按钮按下时，启动声光报警器，经延时 30 s 启动电磁阀或电爆管，气体喷洒后，压力开关返回信号联动喷洒指示灯。

8. 其他联动控制系统

其他联动控制系统主要包括非消防电源和消防电梯等。当烟感探测器、温感探测器或者手动报警按钮报警时，自动切断本层非消防电源，自动联动消防电梯落地。

第 2 节　火灾自动报警及消防联动系统的管理

一、火灾自动报警及消防联动系统的施工管理

1. 施工准备

首先应对所提供的图纸进行会审，同时要熟悉结构图、建筑图等有关的图纸。

（1）主要设备材料

一般火灾自动报警系统主要设备材料的选用应符合规范要求：

1）主要设备：区域火灾报警控制器、集中报警控制设备、消防中心控制设备、图像显示与打印操作设备、消防备用电源、火灾探测器（感烟、温感、燃气等）、手动火灾报警按钮、声光显示报警器、各类模块、各种联动控制及信号反馈设备、消防通信设备和消防广播设备。

2）一般常用材料：管材、线槽、电线、电缆、金属软管、接线盒、焊锡丝和锯条等。

（2）主要机具

主要机具包括剥线刀、各种大小的螺丝刀、电烙铁、角尺、工具箱、万用表和各种电工工具等。

2. 施工工艺流程

（1）火灾探测器安装

探测器的安装要求：底座应固定可靠，其连接导线必须可靠压接或焊接；探测器的

接线应按设计和厂家要求接线，“+”线为红色，“-”线应为黑色，其余线要根据探测器的说明书进行接线。

（2）手动火灾报警按钮的安装

报警区内的每个防火区应至少设置一个手动报警按钮，从一个防火分区内的任何位置到最近一个手动火灾报警按钮的步行距离不大于30 m。且手动火灾报警按钮外接导线应留有0.1 m的余量，且在端部应有明显标志。

（3）端子箱和模块箱的安装

端子箱和模块箱一般设置在专用的竖井内，应根据设计要求的高度用金属膨胀螺栓固定在墙壁上明装，安装时应端正牢固、不得倾斜。安装端子箱时，应先用对线器进行对线编号，然后将导线留有一定的余量，把从控制中心来的干线和从火灾报警器及其他设备来的控制线路绑扎成束，分别设在端子板两侧，左侧为从控制中心引来的干线，右侧为从火灾报警探测器和其他设备来的控制线路。压线前应对导线的绝缘进行遥测，合格后再按设计厂家要求压线。

模块箱内的模块按厂家和设计要求安装配线，合理布置，且安装应牢固端正，并有用途标志和线号。

（4）火灾报警控制器的安装

火灾报警器一般应设置在消防中心、消防值班室、警卫室及其他规定有人值班的房间或场所。控制器的显示操作面板应避开阳光直射。房间内无高温、高湿、尘土、腐蚀性气体，不受振动、冲击等影响。

（5）扬声器的分布与安装

扬声器的分布要均匀，要避免使邻近扬声器的听众感觉声音过大，同时也要防止产生声音盲区，因为大多数锥形扬声器的辐射角是90°，所以各扬声器之间的间隔大约等于扬声器辐射角在人耳高度的假想平面上的投射的直径。

（6）系统调试

1）火灾自动报警系统需要调试，调试应在建筑内部装修和系统施工结束后进行。

2）调试前施工人员应向调试人员提交竣工图、设计变更记录、施工记录、检验记录、竣工报告。

3）调试负责人必须由有资格的专业技术人员担任，其资格审查由公安消防监督机构负责。

4）调试前应按下列要求进行检查：按设计要求查验设备规格、型号、备品、备件等；按火灾自动报警系统施工及验收规范的要求检查系统的施工质量；对属于施工中出现的问题，应会同有关单位协商解决，并有文字记录；检查检验系统线路的配线、接线、线路电阻、绝缘电阻、接地电阻、终端电阻、线号、接地、线的颜色等是否符合设计和规范要求，发现错线、开路、短路等达不到要求的应及时处理，排除故障。

5）火灾报警系统应首先分别对探测器、消防控制设备等逐个进行单机通电检查试验。单机检查试验合格后，进行系统调试。报警控制器通电接入系统，应对以下功能进行检查：火灾报警自检功能、消音功能、复位功能、故障报警功能、火灾优先功能、报警记忆功能、电源自动转换和备用电源的自动充电功能、备用电源的欠压和过压报警功能等。

6）按设计要求分别用主电源和备用电源供电，逐个逐项检查试验火灾报警系统的各种控制功能和联动功能，其控制功能和联动功能应正常。

7）检查主电源：火灾自动报警系统的主电源和备用电源，其容量应符合有关国家标准要求，备用电源连续充放电三次应正常，主电源、备用电源转换应正常。

8）系统控制功能调试后应用专用的加烟加温等试验器，分别对各类探测器逐个试验，动作无误后可投入运行。

9）对于其他报警设备也要逐个试验无误后投入运行。

10）按系统调试程序进行系统功能自检。系统调试完全正常后，应连续无故障运行 120 h，写出调试开通报告，进行验收工作。

3. 系统验收程序

（1）火灾报警系统安装调试完成后，由施工单位、调试单位对工程质量、调试质量、施工资料进行预检，同时进行质量评定，发现质量问题应及时解决处理，直至达到符合设计和规范要求为止。

（2）预检全部合格后，施工单位、调试单位应请建设、设计、监理等单位，对工程进行竣工验收检查，无误后开具竣工验收单。

（3）建设单位或施工单位请建筑消防设施技术检测单位进行检测，由该单位提交检验报告。

（4）以上工作全部完成后，由建设单位向公安消防监督机构提交验收申请报告，并提供下列文件和资料：

1）建设过程中消防部门的消防审核文件、备忘录及其落实情况。

2）施工单位、设备厂家的资质证书和产品的检测证书。

3）施工记录（包括隐蔽工程验收、设计变更洽商、绝缘遥测记录、接地电阻记录、主要材质证明以及合格证等）。

4）调试报告。

5）建设单位提出的检测报告。

6）检测单位提出的检测报告。

7）系统竣工图、系统竣工表。

8）管理、维护人员登记表。

（5）消防工程经公安消防监督机构对施工质量复验和对消防设备功能抽验，全部合格后，发给建设单位《建筑工程消防设施验收合格证书》，建设单位可投入使用，进入系统的运行阶段。

二、火灾自动报警及消防联动系统的操作规程

火灾自动报警及消防联动系统的操作规程通常包括：消防各系统属遥控、联锁、自动装置，故在操作前必须观察各个系统是否设置在自动位置；观察各系统电源信号是否正常；操作完毕后，时刻观察各个系统运行是否正常；火灾扑灭后，要进行事后工作，即所有系统要复位，对所有系统的设备进行检修；事故后要详细整理记录资料，总结操作经验。各系统的操作方法如下：

（1）报警系统

当发生火情报警时，确认楼层后，首先通知保安人员到报警层观察，同时与该层人员及时取得联系。若为火险立即按灭火作战方案处理；若为误报，查明误报原因后，请保安人员将区域报警进行复位，再将值班室内的集中报警器复位。

（2）消火栓系统

当消防中心得到该消火栓的报警信号，这时相应的消火栓泵自动启动，启泵信号灯亮。若不能自动启泵时，应立即转入手动位置启动。

（3）自动喷水系统

当某层发生火灾时，失火部位的喷淋头爆破喷水，该层的水流指示器动作，消防中心得到该层的报警信号，喷淋泵自动启动，相应的启泵信号灯亮。若不能自动启泵时，立即转入手动位置启动。

（4）防火卷帘门系统

当某层发生火灾时，根据失火方位及火势大小，可采取隔离法，即降落相应的防火卷帘门，值班员可根据现场报告情况遥控降落。

（5）排烟系统

发生火灾时，消防中心得到报警信号，排烟风机自动启动，启动信号灯亮。若风机不能自动启动，速转入手动位置启动。

同时注意消防紧急事故的处理，紧急事故的处理程序是按事故的大小逐级上报上级组织，在处理上应本着小事故随发生随处理，一般事故及时排除，大事故不过夜的原

则。精心组织人员抢修，查明事故原因，做好记录存档。

三、火灾自动报警及消防联动系统的维护

1. 火灾自动报警系统的维护

火灾自动报警系统的连续正常运行对建筑物的消防安全是十分重要的。火灾自动报警系统必须经当地消防监督机构验收合格后方可使用，其日常维护管理主要包括以下几点：

(1) 应有专人负责火灾自动报警系统的管理、操作和维护，系统的操作维护人员应由经过专门培训、经消防监督机构组织考试合格的专门人员担任，值班人员应熟悉掌握本系统的工作原理及操作规程。

(2) 为了保证火灾自动报警系统的连续正常运行和可靠性，应根据建筑物的具体情况制定出具体的定期检查试验程序，并依照程序对系统进行定期的检查试验。实行每日检查、季度检查和试验、年度检查与试验。

(3) 要防止外部干扰或意外损坏。对于探测器不仅要防止烟和灰尘侵入、水蒸气凝结等外部自然因素的影响而产生的误报，而且还要防止人为的因素对探测器和手动报警按钮的影响。

2. 自动喷水灭火系统的维护

自动喷水灭火系统的维护管理应注意以下几点：

(1) 负责系统维护管理的专职人员必须熟悉自动喷水灭火系统的原理、性能、操作维护规程，并具有消防管理培训合格证。

(2) 日常检查。系统在使用中，应进行每日检查的内容有：水源的水量和水压、消防泵动力、报警阀各部件的工作状态，以保证系统处于无故障状态。

(3) 定期检查。除日常检查外，还应每季度或半年对系统进行一次定期检查，内容包括：喷头、报警阀、管路和水源等。

(4) 自动喷水灭火系统每年应进行一次可靠性评价，并对施工验收、日常管理维护和修理情况进行总结。

3. 防排烟系统的维护

对机械防烟、排烟系统的风机、送风口等部位应经常维护，如扫除尘土、加润滑油等，并经常检查排烟阀等手动启动装置和防止误动的保护装置是否完好；每隔 1 ~ 2 周，由消防中心或风机房启动风机空载运行 5 min；每年应对全楼送风口、排烟阀进行一次机械动作试验。

思考与练习

1. 火灾自动报警系统的主要设备有哪些？
2. 简述火灾自动报警系统的施工流程。
3. 简述火灾自动报警系统的调试过程。
4. 简述火灾自动报警系统的验收程序。
5. 简述消防设备的操作具体流程。
6. 火灾自动报警系统的日常维护管理主要包括哪些？